土木工程材料与检测技术研究

王晓宾　赵楠楠　路国锋　著

吉林科学技术出版社

图书在版编目（CIP）数据

土木工程材料与检测技术研究 / 王晓宾，赵楠楠，路国锋著．— 长春：吉林科学技术出版社，2024.5

ISBN 978-7-5744-1408-2

Ⅰ．①土… Ⅱ．①王… ②赵… ③路… Ⅲ．①土木工程－建筑材料－检测－研究 Ⅳ．①TU5

中国国家版本馆 CIP 数据核字（2024）第 099784 号

土木工程材料与检测技术研究

著　王晓宾　赵楠楠　路国锋
出版人　宛　霞
责任编辑　靳雅帅
封面设计　树人教育
制　　版　树人教育
幅面尺寸　185mm × 260mm
开　　本　16
字　　数　230 千字
印　　张　10.5
印　　数　1~1500 册
版　　次　2024 年 5 月第 1 版
印　　次　2024 年10月第 1 次印刷

出　　版　吉林科学技术出版社
发　　行　吉林科学技术出版社
地　　址　长春市福祉大路5788 号出版大厦A 座
邮　　编　130118
发行部电话/传真　0431-81629529 81629530 81629531
81629532 81629533 81629534
储运部电话　0431-86059116
编辑部电话　0431-81629510
印　　刷　廊坊市印艺阁数字科技有限公司

书　　号　ISBN 978-7-5744-1408-2
定　　价　65.00元

前 言

土木工程材料与检测技术的研究一直是工程领域中备受关注的焦点。这个领域的迅速发展不仅推动了基础设施建设的进步，也在科技创新方面取得了显著的成果。土木工程作为社会发展的重要组成部分，其材料和检测技术的研究对于保障工程质量、提高工程耐久性具有重要的意义。在当前科技飞速发展的时代背景下，土木工程材料的研究已经不仅仅局限于传统的建筑材料，更涵盖了诸如新型复合材料、纳米材料等高科技领域。这一多样性的材料选择为工程带来了更广阔的发展空间，也对工程质量的要求提出了更高的挑战。在这个背景下，研究人员不仅需要深入探讨各种材料的性能特点，还需要不断创新检测技术，确保对这些复杂材料的全面了解和科学评估。

土木工程材料的性能直接关系到工程的安全性和可靠性，因此对其性能进行全面、精准的检测是至关重要的。检测技术的发展不仅需要结合传统的非破坏性检测手段，更要融入先进的传感器技术、数据处理技术等，实现对工程材料性能的高效监测和评估。与此相应的，随着新材料的不断涌现，相关的检测方法也需要不断创新，以适应复杂多变的工程环境和材料体系。在全球气候变化的大背景下，土木工程材料的研究还需关注其对环境的适应性和可持续性。新型材料的研发要考虑其生产过程对环境的影响，以及在使用过程中对环境的可持续性影响。

材料研究需要更多地融入环境科学、生态学等跨学科的知识，以实现工程建设与自然环境的和谐共生。土木工程材料与检测技术的研究是一个综合性、前沿性的领域，需要研究人员不断拓展思路，吸收新知识，积极创新。这一领域的深入研究不仅能够推动土木工程技术的发展，也能为社会可持续发展作出积极贡献。

目　录

第一章 概 述

第一节 土木工程与材料

一、土木工程概论

土木工程概论是一门涉及土地开发、结构设计和工程建设的学科。该学科涵盖了广泛的领域，包括建筑、交通、水利和环境等方面。土木工程的核心目标是通过科学的方法和工程技术，创造出满足社会需求并改善人类生活质量的基础设施。土木工程的起源可以追溯到古代文明时期，人们开始运用简单的工程技术来解决水利和建筑方面的问题。随着时间的推移，土木工程逐渐演变成一门综合性的学科，涉及更加复杂和先进的工程项目。在土木工程领域，结构设计是一个至关重要的方面。工程师必须考虑材料的特性、结构的稳定性以及各种外部因素对建筑物的影响。通过科学的计算和分析，他们能够设计出安全、耐用的建筑结构，以应对各种自然和人为的挑战。交通工程是土木工程中的另一个重要领域。它涉及道路、桥梁、隧道等基础设施的规划、设计和建设。通过优化交通流，提高交通效率，土木工程师能够为社会创造更加便利和高效的交通系统。水利工程是土木工程的又一支重要分支，关注着水资源的合理利用和管理。工程师通过设计和建设水坝、水渠等基础设施，确保水资源的平衡分配，同时防止水灾和保护生态环境。环境工程是近年来崛起的土木工程领域，致力于解决环境污染和可持续发展的问题。通过开发新技术和采用环保工程设计，土木工程师可以减轻环境负担，促进社会可持续发展。

二、土木工程材料

土木工程材料是工程领域中至关重要的一部分，涉及建筑、桥梁、道路等各类基础设施的构建和维护。这些材料的性能直接影响工程的质量和寿命，因此对这些材料的深入研究至关重要。在过去的几十年里，土木工程材料的研究不断取得突破性进展。传统的混凝土、钢材等材料仍然占据主导地位，但新型材料的涌现为工程领域带来了新的可能性。复合材料、高性能混凝土、纳米材料等新材料的应用，使得工程结构更加轻巧、耐久性更强。这些材料的研究不仅涉及其基本性能，还需要考虑到其在复杂环境下的稳定性和可持续性。土木工程材料的性能评价需要综合考虑多个因素。强度、耐久性、抗风化能力等是基本性能指标，而对温度、湿度、化学腐蚀等外部环境的适应性也是至关重要的。材料的性能测试需要使用一系列先进的实验和检测手段，以获取准确的数据，为工程设计和建设提供科学依据。随着社会的不断发展，对土木工程材料的要求也在不断提高。环保、节能、可持续发展成为新时代对材料研究的重要方向。研究人员不仅需要关注材料的性能，还需要考虑其生产和使用对环境的影响。新型材料的研发应该朝着更加绿色、可循环利用的方向发展，满足社会对可持续发展的迫切需求。数字化技术的发展也对土木工程材料的研究带来了新的机遇。通过大数据分析、模拟仿真等技术，可以更全面地了解材料的性能，为工程设计和施工提供更精准的指导。数字化技术的应用使得材料研究变得更加高效和智能，有助于加速工程建设的进程。土木工程材料的研究仍然面临一些挑战。复杂多变的自然环境、不同地域的气候差异等因素使得材料的性能研究变得更加复杂。新材料的推广应用也需要经过严格的验证和测试，确保其在实际工程中的可靠性和安全性。土木工程材料的研究是一个不断发展的领域，需要不断创新和突破。只有通过深入的研究和实践，才能更好地满足社会对高质量、可持续发展的基础设施的需求。

三、结构工程

土木结构工程是一门涉及建筑物和其他工程结构设计、分析和施工的学科。它关注着各种材料在各种条件下的力学行为，以及如何将这些材料合理地组织和配置，使建筑物在各种外部负荷和环境中能够保持稳定和安全。这一领域旨在通过科学的方法和先进的工程技术，创造出具有高度耐久性、强度和稳定性的建筑结构。土木结构工程的根基可以追溯到古代文明时期，当时人们开始尝试利用各种材料和技术来建造更大、更复杂的结构。随着时间的推移，结构工程逐渐演变为一门广泛而专业的学科，吸引了众多工程师和研究人员的兴趣。在土木结构工程中，材料的选择和性能是至关重要的。工程师必须了解各种建筑材料的物理和力学特性，以便在设计中合理地使用这些材料。钢、混凝土、木材等材料在结构工程中发挥着不同的作用，需要根据具体的项目要求做出明智的选择。结构的设计是土木结构工程的核心任务之一。工程师使用数学和物理原理，通过复杂的计算和模拟，确保设计的结构能够承受各种荷载，包括风力、地震和其他外部因素。这需要精密的工程技术和创造性的设计思维，保证结构的稳定性和安全性。在结构施工阶段，土木工程师需要监督和管理建筑过程。他们与建筑师、施工人员和其他相关方紧密合作，确保设计图纸的准确执行，以及在施工过程中能够及时解决可能出现的问题。这要求工程师具备良好的组织和沟通能力，确保项目的顺利进行。随着科技的不断进步，土木结构工程也在不断创新。新材料的引入、先进的模拟技术和建筑信息模型（BIM）的应用，为工程师提供了更多工具和资源，使他们能够设计出更为复杂和高效的结构。土木结构工程是一门涵盖广泛领域的学科，要求工程师兼具理论知识和实际操作技能。

四、基础工程

土木基础工程是建筑领域的支撑和基石，直接影响到整个工程的稳定性和安全性。这一领域的研究涉及地基工程、基坑支护、地下工程等多个方面，要求对地质条件、土壤性质、工程结构等因素有深入的了解。土木基础工程的复杂性和多变性使得其研究需要综合运用地质学、土力学、结构力学等多个学科的知识。在土木基础工程的实施过程中，地基工程是至关重要的一环。地基的选择和处理直接关系到建筑物的稳定性和承载能力。合理的地基设计需要全面考虑地下土层的性质、地下水位、工程荷载等因素，确保建筑物在各种环境条件下都能保持稳定。对于软土地区，采取合适的加固措施也是确保地基稳定的重要手段。基坑支护是土木基础工程中的另一个关键环节。在建筑高层建筑或者地下工程时，为防止基坑塌方，必须采取有效的支护措施。常见的支护结构包括土钉墙、深基坑支护结构等，其设计需要考虑土体稳定性、支护结构的承载能力以及施工的可行性。地下工程是土木基础工程中的一个特殊领域，包括地下隧道、地下交通设施等。这些地下工程的建设要求对地质环境、水文条件、地下水位等有详细的了解，并采取相应的施工技术和支护措施。地下工程的建设涉及复杂的地下结构设计和施工管理，要求工程师具备高度的专业知识和实践经验。随着城市化进程的加速和建筑结构的不断演进，土木基础工程面临着新的挑战和机遇。高层建筑、大型基础设施对土木基础工程提出了更高的要求，要求工程师不仅具备传统基础工程知识，还需要不断创新和引入先进技术。在城市土地有限的情况下，地下空间的开发和利用也成为土木基础工程研究的热点之一。土木基础工程的研究和实践仍然面临一系列的问题。地质勘探和土壤测试的准确性对于基础工程的设计至关重要，而这些方面的技术手段还需要进一步提高。基础工程的施工管理也需要更加严密和科学，确保施工过程中的安全性和高效性。土木基础工程是建筑领域中不可或缺的一部分，其研究和实践对于建筑物的安全性和稳定性至关重要。随着科技的不断发展和社会的不断进步，土木基础工程领域将迎来更多的挑战和发展机遇，需要工程师们不断拓展思路，引入新技术，为建设更加安全、可持续的城市和基础设施作出贡献。

五、施工与监理

施工与监理在土木工程中扮演着至关重要的角色。施工是将设计图纸转化为实际建筑物的过程，是工程项目的具体实施阶段。施工人员需要根据设计要求，合理组织和协调各项施工活动，确保工程的顺利进行。监理则负责对施工过程进行全面监督，确保施工符合设计标准和法规要求，保障工程质量和安全。在施工阶段，施工人员需要具备丰富的技术经验和操作技能。他们负责组织施工队伍，调配施工资源，确保施工进度和质量。施工过程中，工人需要熟练运用各种工程设备和工具，执行各项施工任务。他们还需要及时应对可能出现的问题，保障施工现场的安全和效率。监理的职责在于对施工过程进行全程监督。监理人员需具备深厚的专业知识，能够理解并评估施工图纸、规范和标准。他们负责检查施工现场的合规性，确保施工过程中不违反法规和工程标准。监理人员还需要与施工方保持紧密联系，及时沟通解决可能出现的问题，维护工程的整体质量。质量控制是施工与监理密切关联的方面。施工人员需要在实际操作中确保每个细节都符合设计标准，而监理人员则需要对这些细节进行全面审查和验证。监理通过实地检查、材料测试等手段，保证工程的整体质量达到预期水平。施工与监理的有效协作对于工程项目的成功至关重要。施工人员需要积极响应监理的指导和要求，确保施工符合监理的审核标准。监理人员则需要充分理解施工的实际情况，与施工人员进行密切合作，及时发现和解决潜在问题。施工与监理的关系还涉及合同和法律层面。合同是双方约定的法律依据，规定了施工的各项条款和条件。监理通过对合同的全面了解，确保施工方履行了合同中规定的责任，也对施工方可能提出的变更和索赔进行审查和评估。施工与监理是土木工程不可或缺的双子星，共同推动着工程项目的顺利实施。施工人员通过实际操作将设计变为现实，而监理则在全程监督中保障工程的合规性和质量。两者的协同作用为工程项目的成功完成提供了坚实的基础。

第二节　土木工程材料的分类

一、金属材料

土木工程中金属材料的应用广泛而重要。金属作为一类常见的结构材料，具有优异的力学性能和工艺可塑性，被广泛用于建筑、桥梁、道路、隧道等工程项目的构造和支撑。金属材料的选择在土木工程中至关重要，需要综合考虑其强度、耐腐蚀性、可焊性以及成本等因素。钢是土木工程中常用的金属材料之一。其高强度和良好的可塑性使得钢材在大跨度桥梁、高层建筑等工程中得到广泛应用。钢材的抗拉、抗压和抗弯强度使得其能够承受复杂的结构负载，钢的可塑性使其易于加工成各种形状，以适应不同的设计需求。铝是另一类在土木工程中常见的金属材料。相对于钢，铝的密度较小，但其强度仍然足够满足一些特定工程的需求。铝材料的轻量化特性使它在航空、交通工具和高层建筑等领域中得到广泛应用。铝的抗腐蚀性能也使得其在海洋环境中的使用相对较为耐久。除了钢和铝，铜、铁等金属材料也在土木工程中发挥着独特的作用。铜具有良好的导电性和导热性，因此在电力工程中常用于制造电缆和电器设备。铁则常用于制作桥梁、支撑结构等，其耐久性和成本效益使其在土木工程中有着广泛的应用。金属材料的力学性能是其在土木工程中应用的核心考量。工程师需要了解不同金属材料的屈服强度、抗拉强度、弹性模量等参数，以便在设计过程中合理选择材料并确保结构的安全性。金属材料的疲劳性能也是工程设计中需要特别关注的因素，特别是在长期受到交变荷载作用的结构中。随着科技的进步，新型金属材料的研发也在不断推进。高强度合金、形状记忆合金等新材料的涌现为土木工程提供了更多的选择。这些新材料不仅具备传统金属材料的优势，还在特定场景下展现出更为出色的性能，为工程设计和建设带来新的可能性。金属材料在土木工程中扮演着不可替代的角色。其广泛的应用范围和多样的性能特点，使得金属材料成为构筑安全、耐久和高效基础设施的关键因素。工程师需要深入了解金属材料的性能和特点，确保在设计和施工过程中做出合理的选择，为工程项目的成功实施提供坚实的基础。

二、聚合物材料

土木工程中的聚合物材料在近年来得到了广泛的关注和研究。这类材料以其轻质、高强、耐腐蚀等特点，逐渐成为建筑领域的热门选择。聚合物材料主要包括聚合物混凝土、聚合物纤维、聚合物改性沥青等，它们在不同的工程领域发挥着重要作用。聚合物混凝土是一种以聚合物为基体的新型混凝土，相比传统混凝土具有更轻、更高强度、更耐腐蚀的特点。它的应用范围涵盖了桥梁、隧道、建筑等多个领域。通过聚合物混凝土的使用，不仅可以减轻结构自重，还能够提高工程的耐久性和抗风化能力。聚合物纤维是一类用于加强混凝土的材料，通过将聚合物纤维添加到混凝土中，可以提高混凝土的韧性和抗裂性。聚合物纤维的应用使得混凝土在承载能力、抗震性等方面得到了显著的提升。聚合物纤维还可以有效地控制混凝土的收缩裂缝，提高混凝土结构的整体性能。聚合物改性沥青是近年来在道路工程中得到广泛应用的一种材料。通过将聚合物与沥青进行复合，可以提高沥青的抗老化性能、耐久性和变形能力。聚合物改性沥青在道路施工中表现出色，能够降低路面的开裂和变形，提高路面的承载能力和耐久性。聚合物材料的广泛应用为土木工程带来了许多优势，但在其发展过程中仍然面临一些挑战。聚合物材料的生产成本相对较高，这对于广泛推广和应用带来了一定的经济压力。聚合物材料的长期性能和稳定性仍需要进一步的研究和验证，以确保其在不同环境和工程条件下的可靠性。聚合物材料的工程标准和规范仍需要进一步完善，以确保其在建筑工程中的规范使用。对于聚合物混凝土、聚合物纤维等材料的性能测试和评估方法也需要不断创新，以适应不断变化的工程需求。土木工程中的聚合物材料在建筑领域中表现出巨大的潜力和前景。通过不断地研究和实践，可以更好地发挥聚合物材料的优势，推动土木工程领域朝着更加高效、耐久、可持续的方向发展。聚合物材料的广泛应用将为未来的建筑创新和基础设施建设提供更多可能性。

三、混凝土和水泥材料

混凝土和水泥材料在土木工程中扮演着不可或缺的重要角色。混凝土是一种由水泥、骨料、砂和水等原材料混合而成的建筑材料，其在工程建设中被广泛应用于各种结构的建造，如建筑物、桥梁、坝和道路等。水泥是混凝土的主要胶凝材料，起到将混合料黏结在一起的关键作用。水泥的制备过程主要包括石灰石和黏土的煅烧、磨碎和混合等步骤。不同类型的水泥，如普通水泥、矿渣水泥和高性能水泥等，具有不同的性能和用途。混凝土的制备过程涉及混合料的搅拌、浇注和养护等步骤。混凝土的强度和性能直接受到原材料质量和搅拌比例的影响。骨料在混凝土中起到骨架的支撑作用，而水泥则通过水化反应形成胶凝物质，使混凝土达到所需的强度和稳定性。混凝土的优势之一是其可塑性，即在搅拌和浇注过程中能够灵活适应不同形状和结构的要求。这使混凝土能够应用于各种复杂的建筑设计中，如曲线形状、异形结构等。混凝土的可塑性还为工程师提供了更大的设计自由度，使得建筑结构更为灵活多样。混凝土的耐久性是其在土木工程中备受重视的特点之一。通过合理设计混凝土的配合比、采用高质量的原材料以及适当的养护措施，可以使混凝土具有较高的抗压强度和耐久性，能够在不同的环境条件下长期保持结构的完整性和稳定性。水泥材料的发展也在不断推动混凝土技术的进步。新型水泥和添加剂的引入使得混凝土具有更好的性能，如抗裂性、抗渗性和抗冻融性等。环保型水泥的研发和应用也成为当前混凝土技术发展的重要方向，减少生产过程中的碳排放和资源消耗。混凝土和水泥材料在土木工程中的应用是建筑和基础设施建设不可或缺的基石。通过合理的设计、高质量的原材料和科学的施工过程，混凝土结构能够具备优异的强度、可塑性和耐久性，为各类工程项目提供可靠的基础和支撑。在不断追求工程质量和可持续发展的今天，混凝土和水泥材料的不断创新将继续推动土木工程领域的发展。

四、木材和纤维材料

土木工程中，木材和纤维材料作为重要的建筑材料之一，发挥着重要的作用。木材自古以来一直是人类建筑活动中的主要材料之一，其天然的优势使其在建筑结构、装修和其他方面得到广泛应用。而近年来，随着纤维材料技术的进步，各种新型纤维材料也逐渐成为土木工程领域的关键材料之一。木材在土木工程中的应用历史悠久，其轻质、坚固和易加工的特点使得它成为建筑结构和装饰的理想选择。木质结构在一些特殊场合，如住宅建筑、桥梁搭建等方面，具有独特的美学效果和环保特性。木材的使用不仅在传统建筑中表现出色，同时在现代建筑中，通过对木材采用新的工艺和处理方式，更能满足对建筑设计的创新需求。木材在土木工程中的应用仍面临一些挑战。木材的防腐和防火性能相对较弱，需要通过防腐剂处理或其他技术手段来提高其使用寿命和安全性。在大规模建筑工程中，木材的供应和成本问题也需要得到有效解决，确保其在建筑工程中的可持续性应用。纤维材料作为一类新型材料，在土木工程中得到了越来越广泛的应用。纤维材料主要包括碳纤维、玻璃纤维、聚合物纤维等，其高强度、轻质、抗腐蚀等特性使其在结构加固、桥梁建设和其他领域发挥着独特的优势。特别是碳纤维，以其卓越的机械性能，成为一种理想的结构材料，广泛应用于高端建筑、交通工程等领域。纤维材料在土木工程中的应用仍然需要不断完善。纤维材料的生产过程相对复杂，其成本相对较高，这限制了其在一些工程中的广泛应用。纤维材料的结构设计和连接技术还需要进一步提高，确保其在复杂环境和重大工程中的可靠性。对纤维材料的耐久性和长期性能的研究也亟须深入，以解决其在特殊气候和环境中的适用性问题。木材和纤维材料在土木工程中都具有重要的地位。木材以其天然的美学特性和可持续性，适用于各类建筑和装修；而纤维材料则凭借其轻质、高强等优势，在结构工程和高新技术领域发挥着越来越重要的作用。通过不断地研究和创新，这两类材料将继续在土木工程领域中推动新的发展，为建筑领域的可持续发展贡献更多的可能性。

五、玻璃和陶瓷材料

玻璃和陶瓷材料在土木工程中扮演着独特而重要的角色。作为两类具有特殊性质的建筑材料，它们在各种工程项目中的应用得以广泛展开。玻璃具有透明、坚硬、不易受化学侵蚀的特点，常被用于建筑外墙、窗户、幕墙等部位。而陶瓷则以其硬度、耐高温和耐腐蚀性而在土木工程中发挥着独特的作用，常被用于地板、瓷砖、耐火材料等方面。玻璃是一种非晶态的无机材料，其透明性使其成为建筑设计中的重要元素。玻璃的主要成分是二氧化硅，通过高温熔化并迅速冷却而形成均匀的非晶结构。在建筑中，玻璃被广泛应用于幕墙系统，为建筑物提供良好的自然光线和视野。玻璃在建筑外墙、窗户和隔断等方面的应用，也赋予建筑更加现代化和美观的外观。陶瓷材料因其硬度和耐腐蚀性而在土木工程中发挥着独特的作用。陶瓷的主要成分是氧化铝和硅酸盐等，通过高温烧结而成。陶瓷的硬度和抗压强度使其在地板、瓷砖和马赛克等方面得以广泛应用。其表面光滑、耐磨的特性，使得陶瓷地板能够适应高流量和高磨损的环境，同时容易清洁和维护。在耐火领域，陶瓷材料也是一种不可或缺的材料。其高温稳定性使其在炉窑、烟囱、高温设备等方面得以广泛应用。陶瓷耐火材料能够抵御高温、抗腐蚀，保障设备在极端条件下的安全运行。这种特性使得陶瓷材料在冶金、化工等工业领域中扮演着重要的角色。玻璃和陶瓷材料也有其局限性。玻璃在抗压和抗拉强度方面相对较低，容易破碎，因此在建筑结构中的承载作用相对有限。陶瓷材料在抗冲击性能上也存在一定的问题，容易受到外力的影响而破损。在设计和施工中需要谨慎选择材料和采取合适的保护措施，以确保其在实际应用中能够发挥最佳效果。玻璃和陶瓷材料在土木工程中具有独特的特性和广泛的应用前景。它们不仅在建筑领域中提供了美观和现代化的设计选择，同时在一些特殊环境和工业领域中也发挥着不可替代的作用。通过深入了解这两种材料的性能和特点，工程师可以更好地利用它们的优势，为各类工程项目提供可靠的建筑材料。

第三节　土木工程材料的历史与发展

一、古代材料与建筑技术

古代土木工程的材料和建筑技术是人类智慧和勤劳的结晶，通过数千年的发展，形成了丰富多样的传统建筑文化。古代人们主要依赖自然材料进行建筑，这其中包括木材、石材、泥土等。这些材料在当时的建筑工程中发挥了重要作用，为古代文明的繁荣和发展提供了坚实的基础。木材是古代建筑中最常用的结构材料之一。古代人们通过对木材的巧妙运用，构建了许多宏伟的建筑，如中国的木构建筑、日本的寺庙、欧洲的古堡等。木材的可塑性和轻便性使得它成为搭建框架、横梁和屋顶等结构的理想选择。古代木构建筑通过巧妙的结构设计，能够在不使用现代工具和技术的情况下，实现大跨度和复杂形状的建筑。石材也是古代建筑中广泛使用的重要材料。其坚硬的特性使得石材成为耐久和稳定的建筑材料。古代埃及的金字塔、古希腊的殿堂、罗马的斗兽场等众多著名建筑都采用了大量的石材。石材的加工技术逐渐完善，通过人工雕刻和研磨，使得建筑表面充满艺术感和雕刻细节，展示了古代建筑工匠的高超技艺。泥土是古代建筑中常用的另一种材料。泥土砌筑的技术广泛应用于各种建筑类型，尤其在古代中东和印度地区。

泥土建筑因其低成本、环保和易于加工的特点，逐渐成了具有独特地区特色的建筑风格。古巴比伦的锥形神庙和印度的泥土建筑，展现了泥土在古代建筑中的多样运用。在古代建筑技术中，砌筑和搭建技术是至关重要的一环。石材的准确切割和木材的巧妙组合需要高超的手工技艺，这些技术通过世代传承，形成了各种独特的建筑风格。在没有现代机械和设备的条件下，古代建筑工匠通过手工劳动，创造出了许多永恒的建筑杰作。古代建筑技术也涉及建筑结构的稳定性和抗震能力。虽然缺乏现代工程学的理论基础，古代建筑师通过经验和实践，设计了许多在当时条件下能够抵御自然灾害的建筑。古代中国的木结构建筑中采用的榫卯结构和歇山顶的设计，提高了建筑的稳定性和抗风能力。古代土木工程的材料和建筑技术是人类文明发展的见证。木材、石材、泥土等自然材料通过古代工匠的巧妙运用，构建了许多卓越的建筑。古代建筑技术的传承和发展为后来的建筑学和工程学提供了宝贵的经验，也为世界各地的建筑文化留下了丰富的历史遗产。

二、中世纪到工业革命

中世纪至工业革命时期的土木工程材料，在历史长河中扮演着至关重要的角色。这段时期是人类文明逐渐演变和发展的历程，土木工程材料的使用经历了从简单自然材料到初步的人工制造材料的演变。在中世纪，土木工程的建设主要依赖于当地自然资源，主要的建筑材料包括石头、木材和泥土。石头被广泛用于城堡、教堂等大型建筑的构建，其坚固和耐久性使得这些建筑在中世纪的动荡时期为民众提供了安全的庇护所。而木材则是主要的结构材料，被运用于桥梁、居住建筑等方面。泥土也常被用于建造城墙、房屋等，尤其是在一些农村地区。中世纪的土木工程材料受到了技术水平和资源局限，限制了建筑的规模和复杂度。在这一时期，土木工程的发展主要受到当地资源的制约，建筑材料的使用更多地依赖于当地的自然环境。随着时代的推移，工业革命的到来为土木工程材料的发展带来了深刻的变革。在这一时期，机械制造和冶炼技术的进步推动了金属材料的大规模生产和应用。铁和钢的使用在建筑工程中变得更加普遍，其强度和耐久性远远超过了传统的建筑材料，为建筑带来了更大的创造空间。随着化学和材料科学的兴起，新型的人工制造材料也开始在土木工程中得到应用。混凝土的发明和广泛使用，使大规模建筑和基础设施的兴建变得更为便利。混凝土不仅具有较高的耐久性，而且生产成本相对较低，成为工程建设的理想选择。在这一时期，玻璃的技术应用也逐渐增多，从简单的窗户到建筑外墙的装饰，玻璃为建筑带来了更多的采光和美学设计的可能。随着发电技术的发展，电力设备和照明系统的引入，为建筑和桥梁的设计提供了更多的功能性和实用性。工业革命时期的土木工程材料发展也伴随着一些问题。大规模的金属生产和使用导致环境污染的加剧，对于资源的过度开采和浪费也引起了人们的担忧。而新型材料的广泛应用也需要相关的施工技术和工程管理水平的提高，以确保建筑的质量和安全。从中世纪到工业革命时期，土木工程材料的发展经历了从自然资源到人工制造材料的演变。这一历史过程不仅反映了人类社会生产力和科技水平的进步，也带来了建筑领域的巨大变革。通过对不同材料的合理运用，土木工程不断推动着城市和基础设施的建设，为人类社会的发展奠定了坚实的基础。

三、20 世纪初到第二次世界大战

20 世纪初至第二次世界大战期间，土木工程材料的发展经历了巨大的变革。这一时期，科技的迅速进步和工业革命的影响，使得新型材料的涌现和传统材料的应用发生了深刻的变化。在这一时期，混凝土成为重要的建筑材料之一。混凝土通过水泥、石料、砂和水等原材料的混合，形成了坚固耐用的建筑材料。混凝土的广泛应用，尤其是在基础设施建设中，如桥梁、隧道、水坝等工程项目中，使得建筑结构更为稳固。混凝土的强度、耐久性和可塑性使其成为 20 世纪初期土木工程的主要材料之一。此时期，钢材的应用也得到了极大的推动。钢结构的轻巧、高强度、可塑性等特性，使得其在建筑和桥梁等领域得以广泛使用。钢筋混凝土的结构设计更是成为当时工程建设中的创新之一，通过钢筋和混凝土的有机结合，大大提高了建筑物的抗震性和承载能力。在 20 世纪初期，玻璃的生产技术得到了显著的提升。透明、坚硬、平整的玻璃表面使得其在建筑中的应用更加广泛。大面积的窗户和幕墙系统的出现，不仅提高了建筑的采光性能，还赋予了建筑更为现代化的外观。玻璃的发展推动了建筑设计的创新，为建筑师提供了更多的设计自由度。金属材料的进步也对土木工程产生了深远的影响。铝的生产技术的提升使得其在建筑中得以广泛应用，轻质且耐腐蚀的特性使得铝合金成为建筑和交通工具制造的理想材料。新型钢材的研发和应用，使得建筑结构更为轻盈而强大。20 世纪初至第二次世界大战时期，建筑设计和土木工程材料的进步使得人类能够建造更为复杂和高效的建筑结构。各种新材料和结构设计的引入，为那个时期的工程建设注入了新的活力，也为后来的建筑学和土木工程领域奠定了坚实的基础。

四、战后重建到现代

战后重建时期至今，土木工程材料的发展在技术和科学的推动下取得了显著的进展。在战争过后，各国纷纷展开了庞大的战后重建计划，土木工程的材料需求急剧增加，这推动了材料科学和工程技术的快速发展。混凝土作为一种主要的土木工程材料，在战后重建中发挥了重要作用。混凝土的应用不仅体现在建筑结构中，还涵盖了道路、桥梁、水利工程等多个领域。其强度和耐久性使得大型基础设施得以快速兴建，为战后社会的发展提供了坚实的基础。随着科技的不断进步，新型的建筑材料逐渐涌现。钢结构在战后重建中得到了广泛应用，其高强度和轻质化特性使得建筑结构更加灵活多样。钢结构的引入不仅提高了建筑的抗震性能，还推动了建筑设计和施工技术的创新。在材料科学的推动下，复合材料成为土木工程中的新宠。玻璃纤维、碳纤维等复合材料的应用拓展了土木工程材料的领域，其轻质高强的特性为建筑设计带来了更多的可能性。复合材料在耐腐蚀性和耐候性方面表现出色，使得其在海洋工程和特殊环境下的应用得以广泛推广。新型的绝缘材料和保温材料的应用，提高了建筑的能源效益。随着对可持续发展的日益重视，环保型建筑材料的研究和应用也逐渐成为一个重要方向。生态砖、再生混凝土等环保型材料在现代土木工程中发挥了积极作用，为建筑注入了更多的绿色元素。新材料的应用也带来了一些新的挑战。一方面，新材料的生产和加工技术需要不断提高，以确保其在工程中的可靠性和稳定性。新材料的成本相对较高，这在一定程度上限制了其在一些大规模工程中的广泛应用。如何在材料性能和经济成本之间找到平衡，是当前土木工程面临的一个重要问题。战后重建时期至今，土木工程材料的发展呈现出多元化和创新性。各种新型材料的引入不仅改变了建筑的形态和结构，也推动了土木工程领域的不断进步。

五、当代和未来趋势

当代土木工程材料领域正经历着快速而深刻的变革。随着科技的迅猛发展和可持续发展理念的普及，新型材料的涌现以及传统材料的改进逐渐成为土木工程的重要趋势。高性能混凝土是近年来备受关注的一个领域。通过优化混凝土配合比、添加新型掺和材料，以及采用先进的生产工艺，可以获得更高的强度、更好的耐久性和更低的碳排放。这有助于提高建筑结构的抗震性、耐久性和可持续性。纳米材料的应用也是当前土木工程材料领域的热点之一。纳米技术的引入使得建筑材料具有更为优异的性能，如纳米混凝土、纳米涂料等。这些材料具有优异的强度、导热性和耐候性，可用于改善建筑材料的性能，提高建筑结构的安全性和可靠性。可再生材料的广泛应用也是当前土木工程追求可持续发展的一大趋势。木材、竹材等天然可再生材料因其资源可再生、环保等特点，被广泛应用于建筑结构、桥梁和景观设计中。再生材料的研发和利用也有助于减少对传统建筑材料的依赖，降低建筑产业对自然资源的压力。高强度钢材的不断研发和应用是土木工程领域的另一大亮点。高强度钢材具有出色的抗拉和抗压性能，可以降低建筑结构的自重，提高整体承载能力。在大跨度桥梁、高层建筑等工程中，高强度钢材的应用有望推动工程结构的轻量化和高效化。建筑玻璃材料的创新也是土木工程领域的重要发展方向。智能玻璃、自洁玻璃等新型功能性玻璃材料的推出，使建筑外墙、窗户等部位不仅能够提供良好的采光效果，还能实现智能控制和节能环保。未来，生物材料的应用有望成为土木工程领域的新趋势。通过利用生物材料的可再生性和生物相容性，设计和制造更环保、更具生命力的建筑材料。这可能包括生物混凝土、菌类建筑材料等创新性的应用。当代土木工程材料领域正朝着更为先进、可持续和功能性的方向发展。新材料的涌现和传统材料的升级将为建筑师和工程师提供更多的选择，为未来的土木工程创造更为安全、高效和环保的建筑结构。这一领域的不断创新，将为人类社会的可持续发展做出更为重要的贡献。

第四节　土木工程材料的技术标准

一、金属材料标准

金属材料在土木工程中扮演着至关重要的角色，其标准化是确保工程质量和安全的基石。金属材料的标准涵盖了其物理、化学、机械性能等多个方面，以确保其在各种应用场景下都能够满足设计和工程要求。标准的建立旨在规范金属材料的生产、质量控制和使用。物理性能的标准包括密度、热导率、电导率等，这些参数直接影响了金属材料在不同工程中的应用。化学性能的标准涉及了金属材料的成分、腐蚀性等方面，确保其在不同环境下的稳定性。机械性能是金属材料标准中的一个重要方面。抗拉强度、屈服强度、延展性等参数直接关系到金属材料在承受荷载和外力时的表现。这些标准化的机械性能参数为工程师提供了可靠的数据，帮助其在设计和施工过程中正确选择和使用金属材料。除了基本性能参数，金属材料的标准还涵盖了其制备和加工的工艺。这包括热处理、冷加工、焊接等过程的规范，确保金属材料在制造过程中能够保持所需的性能。标准的建立和遵循有助于提高金属材料的一致性和可预测性。金属材料的标准是由国际、国家或行业组织制定和发布的，如 ASTM、ISO、JIS 等标准组织。这些标准的制定往往经过精密的研究和实验验证，确保其科学、合理且具有可操作性。通过遵循这些标准，生产商可以确保其产品符合国际和国家的质量要求，增强了产品的市场竞争力。标准的建立也有助于促进金属材料产业的发展。由于标准规范了材料的性能和质量标准，生产商在材料生产和加工中更容易达到这些要求。这进一步推动了金属材料技术和工艺的不断创新，促使产业朝着更为高效和环保的方向发展。金属材料标准在土木工程中发挥着重要的作用。通过规范金属材料的性能、质量和加工工艺，标准为工程设计和建设提供了科学、可靠的基础。在标准的引导下，金属材料将继续为各种工程项目提供坚实可靠的基础，助力土木工程的可持续发展。

二、聚合物材料标准

土木工程中的材料标准起着至关重要的作用。其中，聚合物材料标准的建立和遵循成为保障工程质量和可持续发展的关键之一。聚合物材料，如聚合物混凝土、聚合物改性沥青等，以其优异的性能在土木工程中被广泛应用。对这些材料的标准化管理有助于确保工程质量、提高效率，促使这些材料在复杂环境中更好地发挥作用。聚合物材料标准的建立是基于对材料性能和工程需求的深入研究。这些标准包括了材料的物理性能、化学性质、耐久性、施工规范等多个方面。通过标准的建立，能够确保不同生产商生产的聚合物材料具有一致的性能标准，减少了在工程施工过程中的不确定性和风险聚合物混凝土作为一种新型的建筑材料，其标准的建立和遵循对于建筑工程的成功实施至关重要。标准中规定了混凝土的配方、强度、韧性等重要性能指标，为工程设计和施工提供了科学的依据。通过遵循这些标准，能够保证混凝土的性能得到最大限度的发挥，提高建筑结构的稳定性和耐久性。聚合物改性沥青在道路工程中的应用也得到了广泛推广，其标准的制定为道路建设提供了规范。标准中对于沥青的黏度、耐老化性能、抗裂性能等方面进行了详细规定，确保道路在不同气候和交通条件下的稳定性和耐久性。标准的制定也有助于降低沥青材料的使用成本，提高施工效率。聚合物纤维等材料的标准制定也在土木工程中发挥着关键作用。这些标准不仅规范了材料的物理性能，还包括了其在结构加固、耐久性等方面的具体应用要求。通过遵循这些标准，可以保证聚合物纤维在土木工程中发挥最佳效果，提高结构的抗震性和抗裂性。聚合物材料标准的建立和实施也面临一些挑战。由于聚合物材料的种类繁多，其性能标准和应用标准的制定相对较为复杂。标准的更新和修订需要及时跟进科技和工程的发展，以适应不断变化的需求。对于一些新型材料，其标准可能尚处于初步阶段，需要不断完善和改进。聚合物材料标准的建立是土木工程领域中的一项重要工作。通过科学、规范的标准，能够确保聚合物材料在工程中的稳定性和可靠性，提高土木工程的整体质量水平。聚合物材料标准的完善和实施将促使这些材料在未来的土木工程中更加广泛而深入地应用，为工程建设注入更多科技和创新的元素。

三、混凝土和水泥材料标准

混凝土和水泥材料的标准在土木工程中具有关键性的作用。这些标准旨在确保混凝土和水泥材料的质量、性能和可持续性，以满足各种工程建设的要求。混凝土标准包括了混凝土的配合比、抗压强度、抗拉强度等多个方面。这些标准确保了混凝土的均匀性、稳定性和耐久性，使其能够在不同的环境和负荷条件下表现出良好的性能。标准化的混凝土配合比和强度参数为工程师提供了有力的依据，确保了混凝土结构的设计和施工的合理性和可靠性。水泥标准涵盖了水泥的成分、物理性质和化学性质等多个方面。通过规范水泥的质量和性能，标准确保了水泥在混凝土中的作用稳定可靠。不同类型的水泥标准涵盖了各自的用途和性能特点，如普通水泥、矿渣水泥、高性能水泥等，以满足不同工程的需求。混凝土和水泥材料的标准还包括了对原材料的要求和生产工艺的规范。骨料、砂、水等原材料的质量直接关系到混凝土的性能，标准化的要求保证了原材料的可靠性和稳定性。混凝土和水泥的生产工艺标准化有助于提高产品的一致性，确保生产过程中的质量控制。标准的建立和遵循有助于推动混凝土和水泥技术的进步。科学的标准反映了材料和工艺的最新研究成果，有助于引导行业朝着更为高效和环保的方向发展。标准的制定不仅在国内，也在国际上形成了一致性，为不同地区的工程项目提供了共同的基础。在可持续发展的背景下，混凝土和水泥材料的标准也越来越注重环境友好性。标准引入了对可再生资源的利用、能源消耗和碳排放的要求，促进行业向更加可持续的方向发展。这体现了对资源的合理利用和对环境保护的共同关注。混凝土和水泥材料的标准在土木工程中具有至关重要的地位。通过规范这些材料的性能、质量和生产工艺，标准不仅为工程提供了可靠的材料基础，也推动了行业技术的不断进步。标准的制定和执行为建筑结构的可靠性、耐久性和可持续性提供了坚实的保障。

四、木材和纤维材料标准

木材和纤维材料是土木工程中常用的两类材料，其性能和质量标准对于确保工程的安全性和可靠性至关重要。木材作为一种传统的建筑材料，在历史长河中一直扮演着重要角色。由于木材的多样性和局限性，其标准化管理成为确保工程质量的关键。木材的标准主要涉及其物理性质、力学性能、防腐处理等方面。这些标准旨在确保木材在不同应力条件下具有足够的强度和稳定性，以满足建筑结构的需求。对于木材的防腐处理标准也是关键的，保障木材在潮湿或恶劣环境中不易腐烂，延长其使用寿命。随着对可持续发展的重视，木材的来源和采伐也受到了关注。森林管理和木材采伐的标准旨在保护生态环境，防止滥伐和非法采伐，确保木材的可持续利用。这不仅有助于维护生态平衡，还有助于确保木材的质量和原材料的可靠性。纤维材料，如纤维混凝土、纤维增强塑料等，近年来在土木工程中得到广泛应用。为了确保这类材料在工程中发挥最佳性能，纤维材料的标准化管理变得尤为重要。这些标准主要涉及纤维材料的配方、制备工艺、力学性能等方面，以确保其在不同环境和工程条件下具有一致的性能。纤维混凝土作为一种新型的建筑材料，其标准主要包括混凝土的配比、纤维含量、强度等多个方面。通过对这些标准的严格遵守，可以确保纤维混凝土在工程中具有足够的强度和韧性，提高建筑结构的耐久性和抗震性。对于纤维增强塑料等复合材料，其标准化管理也是不可或缺的。这些标准主要包括材料的组成、性能测试、制造工艺等方面，以确保其在不同工程中的应用具有一致性和可靠性。木材和纤维材料的标准化工作仍面临一些挑战。一方面，由于这些材料种类繁多，其性能和用途具有多样性，标准的制定需要更为全面和深入的研究。随着科技的不断发展，新型材料的涌现也对标准的更新和完善提出了新的需求。木材和纤维材料在土木工程中具有重要地位，其标准化管理对于确保工程的质量和可靠性至关重要。通过对木材和纤维材料的科学、系统的标准制定和遵守，可以为土木工程提供坚实的材料基础，推动建筑领域的可持续发展。

五、非传统材料标准

非传统材料在土木工程中逐渐崭露头角，其标准化成为确保其可靠性和安全性的不可或缺的一环。这些材料的标准旨在规范其成分、性能和应用范围，以满足多样化的建筑需求。高性能混凝土是一种突出的非传统材料，其标准包括了各种性能参数，如强度、耐久性和抗裂性等。这些标准的建立有助于确保高性能混凝土在不同工程环境下都能够表现出卓越的性能，为各类建筑项目提供更广泛的应用可能性。玻璃纤维增强塑料是另一种备受关注的非传统材料，其在结构加固和建筑设计中的应用不断增加。材料标准着眼于其强度、弹性模量和耐腐蚀性等关键性能参数，确保其在工程结构中的可靠性和持久性。新型金属合金也属于非传统材料的范畴，其在耐腐蚀、高温和高压等极端环境中表现出色。这些合金的标准化涵盖了其成分、热处理和机械性能等多个方面，保证其在特殊工况下能够发挥最佳效果。混凝土中的再生骨料也是近年来备受瞩目的非传统材料之一，其标准关注于骨料的来源、质量和使用比例。通过明确再生骨料的标准，有助于提高混凝土的环保性，减少对自然资源的依赖。高性能陶瓷材料的标准也在逐步完善，涵盖了其在建筑、电子、航空航天等领域的多种应用。这些标准旨在确保陶瓷材料在不同环境和应力下都能够稳定可靠地工作。非传统材料的标准化有助于提高其在土木工程中的广泛应用。标准的建立不仅为生产商提供了明确的制造指南，也为工程师和设计师提供了可靠的材料选择依据。通过标准的推动，非传统材料在工程建设中的使用将更加规范，其性能将得到更好的发挥。标准的建立和执行对于确保非传统材料的安全性和可靠性至关重要。只有通过科学的标准，这些材料才能够更好地适应不同的工程场景，为土木工程的可持续发展提供更为广阔的空间。

第五节 学习本课程的主要目的和基本要求

一、基础理论与原理

土木工程材料的基础理论和原理是支撑整个建筑领域的核心。这涉及材料的物理学、力学、化学等多个学科领域的交叉应用。材料的物理学理论是材料科学的基础。通过研究材料的内部结构、晶体结构以及原子和分子的排列方式，我们能够深入了解材料的性质和行为。这对于土木工程中材料的选择和设计至关重要。力学原理在土木工程材料中起到至关重要的作用。弹性力学理论帮助我们理解材料在外力作用下的变形和应力分布，而塑性力学理论则解释了材料在超过弹性极限时的行为。这些理论为工程师提供了指导，使他们能够预测和设计建筑结构在不同负载下的响应。材料的强度、刚度和变形等性能都可以通过力学原理来解释和预测。热力学原理也对材料的性能和行为产生了影响。通过研究材料在不同温度下的行为，我们能够更好地理解其在高温或低温环境中的性能特点。热膨胀、热导率等热力学性质对建筑结构的设计和性能评估都有着深远的影响。化学原理也是土木工程材料理论的一个重要组成部分。对材料的组成、反应和耐腐蚀性能等方面的研究有助于我们选择适当的材料，确保建筑结构的持久性和可靠性。材料的化学性质对于建筑结构的安全性和耐久性有着直接的影响。材料的断裂力学理论也是土木工程中不可忽视的一部分。通过研究材料的破裂行为，我们能够更好地了解其在受力过程中的强度和韧性。这有助于工程师设计出更为安全和可靠的建筑结构。土木工程材料的基础理论和原理形成了建筑领域的基石。这些理论不仅为材料科学的发展提供了方向，也为工程实践提供了科学依据。通过深入理解材料的物理、力学、热力学和化学性质，我们能够更好地选择、设计和使用材料，确保建筑结构的安全性、耐久性和可靠性。

二、材料性能与测试方法

土木工程材料的性能和测试方法是确保工程质量和可靠性的重要方面。材料性能直接影响着工程结构的安全性和稳定性，而测试方法则是评估和验证材料性能的手段。对于混凝土这一常见的土木工程材料而言，其性能测试主要包括抗压强度、抗拉强度、抗弯强度等多个方面。这些测试方法通过对混凝土试件的加载和破坏过程进行观测和记录，来评估混凝土在不同受力情况下的性能表现。对混凝土的耐久性测试也非常重要，以保证其在各种环境条件下的长期性能。对于金属材料，其性能测试主要涉及拉伸强度、屈服强度、冲击韧性等方面。这些测试方法通过对金属试件的拉伸、压缩、冲击等加载进行测试，来评估金属在受力条件下的性能。对金属的疲劳性能测试也是必不可少的，以模拟实际使用条件下的循环加载过程。纤维材料，如聚合物纤维、碳纤维等，在土木工程中的应用日益增多。对于这类材料，其性能测试主要包括抗拉强度、弯曲强度、断裂韧性等方面。这些测试方法通过对纤维试件的加载和破坏过程进行研究，来评估纤维材料在不同应力条件下的性能。材料性能的测试方法需要遵循相关的国际、国家标准，以确保测试的准确性和可比性。测试设备的选用和标定也是确保测试结果准确可靠的重要因素。不同类型的材料需要使用不同的测试设备和方法，以适应其独特的性能特点。材料的性能测试也需要考虑到材料在实际使用过程中可能遭受的各种环境条件，如湿度、温度、化学腐蚀等。对于土木工程材料的性能测试，除了一般性的静态力学性能测试，还需要进行动态、耐久性等方面的综合测试，以更全面地了解材料的性能表现。材料性能测试不仅是确保土木工程质量的重要手段，也是材料科学和土木工程技术进步的驱动力之一。通过对不同材料性能的深入研究和测试，可以更好地指导工程设计和施工，提高工程结构的安全性和可靠性。测试结果也为相关标准的制定和更新提供了科学的依据，推动土木工程材料领域的不断创新和发展。

三、材料在土木工程中的应用

土木工程中的材料应用涉及多个方面，包括建筑结构、基础设施和交通工程等领域。材料的选择和应用直接影响工程的安全性、耐久性和经济性。建筑结构中，混凝土是一种常见而重要的材料。其具有良好的抗压强度和耐久性，常用于楼房、桥梁和隧道等结构的建造。钢材在建筑结构中也占有重要地位，由于其高强度和可塑性，常被用于构建高层建筑、大跨度桥梁等。在基础设施工程中，道路和桥梁的建造离不开沥青和混凝土。沥青被广泛用于路面铺设，其耐磨性和抗水性使得道路更加坚固耐用。而桥梁结构中使用的混凝土和钢材，同样承受了车流和自然环境的考验。水泥材料在土木工程中也有广泛应用，主要用于土建工程、水利工程和海洋工程。水泥的凝固和硬化特性使得其成为建筑物的黏结剂，广泛应用于混凝土和砂浆中。非传统材料如高性能混凝土、玻璃纤维增强塑料（FRP）等也在土木工程中崭露头角。高性能混凝土因其优越的性能参数，被用于需要更高强度和更薄壁厚度的结构中。FRP 材料在结构加固和修复中发挥了重要作用，其轻质和耐腐蚀性质使其成为传统材料的良好替代品。玻璃、陶瓷和金属等材料也在建筑中发挥了独特的作用。玻璃被广泛用于建筑的外墙和窗户，提高了建筑的采光性能。陶瓷材料的耐磨性和耐高温性质使其适用于一些特殊环境下的建筑结构。金属材料的轻质和强度使其成为飞机、桥梁等工程中的重要结构材料。土木工程材料的应用是多样且广泛的。不同的工程项目需要根据其特定的要求选择合适的材料，以确保工程的稳定性和安全性。随着科技的发展，新型材料的涌现和不断创新，将进一步拓展土木工程材料的应用领域，为工程建设提供更多选择和可能性。

四、施工与质量控制

土木工程施工及质量控制是确保工程顺利进行和最终完工质量达标的重要环节。施工涉及工程计划的实施、材料的使用和工艺的操作，而质量控制则是对整个施工过程进行全面监管，以确保工程的质量和可靠性。在土木工程施工中，施工过程的合理安排和组织是至关重要的。这包括了对人力、机械和材料等资源的有效调配，以保障施工的高效进行。施工计划的制订也需要考虑到各种可能的不确定因素，如天气、物流等，以便及时应对和调整。材料在施工中的使用是决定工程质量的关键因素之一。选择合适的材料并保证其质量，是贯穿整个施工过程的核心任务。在材料的采购过程中，需要对供应商进行严格的审核，确保提供的材料符合相关标准和规定。在材料的储存和运输过程中，也需要采取措施，以防止材料受到损坏或污染。施工工艺的操作是确保土木工程施工质量的另一重要方面。不同工程可能需要采用不同的工艺流程，因此在施工前需要制订详细的工艺方案，并保证施工人员具备足够的技能和经验。在施工过程中，要根据实际情况灵活调整工艺，及时解决可能出现的问题，确保施工的顺利进行。质量控制是整个土木工程施工过程中的一个关键环节。其目的是通过对工程的全面监管，确保施工过程中的每一个环节都符合相关的标准和规范。质量控制包括了对施工人员的培训、工程现场的巡查、施工过程中的检测和试验等多个方面。通过这些措施，可以及时发现并纠正施工过程中可能存在的问题，保障最终工程的质量。工程的施工质量也需要通过相关的验收和检测手段进行评估。这包括了对工程结构、材料性能等方面进行全面的检查和测试。只有在施工的各个环节都符合相关质量标准的前提下，工程的最终验收才能获得通过。土木工程的施工和质量控制是一个复杂而细致的过程。只有在合理的组织和计划下，严格遵循相关的标准和规范，进行全方位的质量控制，才能确保工程的施工顺利进行，并最终取得符合质量标准的成果。这需要施工团队的协同合作、工程管理的科学规划，以及对施工质量的高度关注。

五、可持续性和创新

可持续性和创新是土木工程材料领域的关键驱动力。可持续性追求资源的有效利用、环境的保护和社会的经济发展。创新则是不断寻求新的材料和技术，以满足不断变化的建筑需求和提高工程质量。在追求可持续性方面，可再生材料的应用是一个重要的方向。木材、竹材等天然可再生资源在建筑中得到广泛利用，减轻了对非可再生资源的依赖。再生混凝土中使用再生骨料，通过回收废弃混凝土降低了原材料的开采量，有利于建设工程的可持续发展。能源和环境的可持续性也在土木工程材料中得到了重视。太阳能材料的研究和应用，使建筑结构具备了自给自足的能源来源。节能型建筑材料的使用，如保温材料和高效隔热材料，有助于减少能源浪费，提高建筑的能源利用效率。创新方面，高性能混凝土是一个备受瞩目的领域。通过优化配合比、添加掺和材料和采用先进生产工艺，高性能混凝土在强度、耐久性和抗裂性能等方面取得了显著的提升。这为建筑结构的设计和施工提供了更多的可能性。纳米技术的应用也为土木工程材料注入了新的活力。纳米材料的引入，如纳米混凝土、纳米涂料等，赋予了传统材料更优越的性能。这不仅提高了建筑材料的质量，还增强了建筑结构的耐久性和可持续性。可降解材料是另一个创新的方向，主要应用于一次性和短寿命工程，如临时结构和包装。这些材料的可降解性有助于减少对环境的污染，符合可持续性的发展理念。生物材料的研究和应用也在不断推进。通过利用生物材料的可再生性和生物相容性，设计和制造更环保、更具生命力的建筑材料。这为土木工程带来了更加生态友好的解决方案。可持续性和创新在土木工程材料领域的融合是推动行业发展的重要动力。

第二章　土木工程材料的基本性质

第一节　材料的基本物理性质

一、密度和质量

密度和质量是土木工程材料中两个重要的性质。密度是指单位体积内的质量，是材料紧密程度的度量。质量则是物体所含物质的总量，是材料的固有属性之一。这两个性质在工程设计和材料选择中都起着至关重要的作用。材料的密度直接关系到其在工程中的应用。密度较低的材料通常更轻便，适用于需要减轻结构负担的场合。轻质材料不仅降低了运输和安装的难度，还有助于提高结构的整体性能。相反，密度较高的材料往往具有更好的强度和耐久性，适用于需要承受重大荷载和极端环境的场合。在材料的选择中，工程师需要权衡密度和强度之间的关系。轻质材料可能在强度上有所牺牲，而密度较高的材料则通常具有更好的力学性能。在设计中需要根据具体的工程要求来选择材料，保证结构的安全性和稳定性。质量是另一个至关重要的性质，直接关系到材料的可靠性和使用寿命。质量好的材料通常具有均匀的组织结构和较高的纯度，能够提供更为一致的性能。相反，质量差的材料可能存在内部缺陷，容易在使用过程中出现问题。在质量控制方面，生产过程中需要严格遵循标准和规范，以确保材料的一致性和可靠性。对原材料的严格筛选和生产工艺的科学管理有助于提高材料的质量水平。高质量的材料不仅能够满足设计要求，还能够延长结构的使用寿命，降低维护成本。质量还与可持续性有着密切的关系。通过选择高质量的材料，可以减少在结构使用过程中的损耗和替换，降低对资源的需求，符合可持续发展的原则。密度和质量是土木工程材料中两个不可忽视的重要性质。密度直接关系到材料的轻重和适用范围，而质量则直接关系到材料的可靠性和可持续性。在工程实践中，工程师需要综合考虑这两个性质，以选择合适的材料，确保结构的安全性、经济性和可持续性。

二、热性质

热性质是土木工程材料中一个关键的性能指标，对于工程结构在不同温度和热环境下的表现具有重要的影响。热性质的研究涵盖了材料的导热性、膨胀性和稳定性等多个方面，这些性质对于确保工程结构在实际使用中能够承受温度变化和热应力起到至关重要的作用。材料的导热性是衡量其在受热时传递热量的能力的重要指标。不同材料在导热性上存在显著差异，这直接影响了工程结构在高温或低温环境下的性能。导热性高的材料有助于更好地传递和分散热量，减缓温度的变化对结构的影响。膨胀性是指材料在受热时的体积变化。各种土木工程材料在受热时都会发生膨胀，而不同材料的膨胀系数不同，这直接关系到工程结构的稳定性。对于大型桥梁、建筑物等工程结构而言，需要在设计和施工过程中充分考虑材料的膨胀性，避免因温度变化而引起的结构变形和损坏。材料的热膨胀系数对于混凝土等材料在高温下的性能也有着重要的影响。在火灾等紧急情况下，混凝土材料会受到高温的影响，其热膨胀系数决定了其在高温环境下的膨胀程度，对工程结构的稳定性和安全性产生直接影响。稳定性是材料在长时间高温或低温环境中的抗变形和抗损伤能力。一些土木工程材料在长时间高温环境中可能发生结构破裂、脆化等问题，因此对于这些材料的热稳定性进行研究和测试是至关重要的。在一些特殊环境下，如高温地区或冷冻地带，工程结构的稳定性需要更为细致和深入的考虑。土木工程材料的热性质，对于工程结构的稳定性和安全性具有重要的影响。在设计和施工过程中，需要根据实际工程环境充分考虑材料的导热性、膨胀性和稳定性等热性质指标，确保工程结构在不同温度条件下能够保持良好的性能表现。通过科学的研究和实验，可以为土木工程领域提供更加可靠和先进的材料选用和结构设计方案。

三、电性质

电性质是土木工程材料中的重要性质之一，它涉及材料对电流的导电、绝缘和耐电性能。这些性质在建筑结构、基础设施和电力工程等领域中发挥着关键作用。导电性是材料的一个重要电性质，它描述了材料对电流的传导能力。金属是一类优良的导电材料，因为其电子在内部自由流动。在土木工程中，导电性常用于设计和构建电缆、输电线路和接地系统等。在一些特殊的结构中，如雷电防护系统，需要使用具有良好导电性能的材料以确保电流的顺畅流动。绝缘性是另一个重要的电性质，它指的是材料阻碍电流通过的能力。绝缘材料常用于电缆绝缘层、绝缘子、电子设备外壳等部位，以防止电流的不必要泄露和电器设备的过电流。在土木工程中，绝缘材料的应用有助于提高电器设备的安全性，防止因电流泄露而引发火灾等危险。耐电性是材料抵御电压、电场和电荷影响的能力。在一些电力工程和高电压环境下，需要使用具有良好耐电性的材料。在输电线路上，绝缘子和电缆绝缘层需要具备强大的耐电性能，以保障电力系统的正常运行和稳定性。电性质的研究和应用对土木工程的可靠性和安全性至关重要。在电力工程中，合理选择具有良好导电性、绝缘性和耐电性的材料，有助于提高电力系统的效率和可靠性。在建筑和交通工程中，电性质的考虑有助于设计合适的防雷和防静电系统，防止因电荷积累而引发的安全问题。随着科技的不断发展，一些具有特殊电性质的新材料也逐渐应用于土木工程中。电阻调控材料和光电材料等新型材料的研究和应用，为土木工程提供了更多创新和可持续发展的可能性。电性质在土木工程材料中具有广泛的应用，对工程的安全性、可靠性和可持续性都有着深远的影响。通过科学合理地选择和应用具有适当电性质的材料，有助于提高工程的整体性能和可维护性。

四、力学性质

土木工程材料的力学性质，是评估其结构行为和性能的重要指标之一。力学性质包括了弹性模量、抗拉强度、抗压强度、剪切强度等多个方面，这些性质直接关系到工程结构的稳定性和安全性。弹性模量是材料的一个关键力学性质，它描述了材料在受力时的变形程度。不同材料具有不同的弹性模量，该值越高表示材料对外力的变形能力越小，对工程结构的稳定性有着积极的影响。了解弹性模量对于设计合理的结构和避免因变形导致的损伤非常关键。抗拉强度和抗压强度是材料在拉伸和压缩状态下抵抗外力的能力。这两个性质的了解对于设计和施工中的材料选用和结构设计至关重要。抗拉强度高的材料适用于承受拉力较大的部位，而抗压强度高的材料则适用于承受压力较大的结构部位。剪切强度是材料在受到剪切力时抵抗变形和破坏的能力。在土木工程中，一些结构部位，如梁和柱，可能会受到横向的剪切力。了解材料的剪切强度有助于设计这些结构部位，确保工程结构在不同受力情况下的稳定性。材料的屈服点和断裂点也是力学性质的重要指标。屈服点是指材料在受力过程中开始发生可逆性变形的点，而断裂点则是指材料在受力过程中发生不可逆性变形导致破裂的点。了解这两个点对于工程结构的极限状态分析和安全性评估具有关键的意义。力学性质的研究和测试是土木工程材料科学的核心之一。通过对这些性质的深入研究，可以更好地理解材料在受力时的行为，指导合理的工程设计和施工操作。在工程实践中，根据不同工程部位和结构要求，选择具有适当力学性质的材料，是确保工程结构安全性和稳定性的基础。对力学性质的研究，为土木工程材料的性能优化和工程结构的合理设计提供了科学的基础。

五、声学性质

声学性质是土木工程材料中的一个重要方面，涉及材料对声波的传播、吸声和隔声等性能。这些性质对建筑、交通工程和城市规划等领域具有重要影响。在建筑设计中，材料的声学性质直接关系到建筑的音响环境。吸声材料的选择和使用可以有效降低室内噪声，提高建筑的舒适性。合适的隔声材料能够有效地隔绝室内外声音，保护居民的隐私，确保室内安静的工作和生活环境。在交通工程中，路面和隧道的材料对交通噪声的传播起到关键作用。优质的路面材料能够减少车辆行驶时产生的噪声，提高周围环境的安静程度。隧道壁面的吸声材料则可以减轻车辆通过时的噪声，保障隧道内的舒适性。城市规划中，基于建筑和道路的声学性能考虑对整个城市环境的影响至关重要。合理规划和设计能够通过选择适当的材料，达到在城市中建立更为宜居和安静的空间的目的。这对于提高城市居民的生活质量和城市形象具有积极的意义。声学性质的研究也对音频工程领域产生了深远的影响。在音频工程中，选择合适的材料可以影响音响设备的效果，提高音响设备的音质。吸声材料的应用有助于改善录音棚和音乐厅等场所的音响效果，提供更好的听觉体验。新型材料的研发和应用也为土木工程的声学性能提供了更多可能。声波透明材料的出现使得设计者可以更灵活地控制声音的传播路径，实现更为复杂和精细的声学设计。新型吸声材料的使用不仅能够提高吸声效果，还能够降低材料的重量和成本，为工程的可持续发展提供了新的方向。土木工程材料的声学性质对建筑、交通工程和城市规划等方面都有着深刻的影响。通过合理选择和应用具有良好声学性能的材料，可以有效改善环境的声学状况，提高居民的生活质量，实现城市空间的合理规划和设计。在未来的发展中，随着科技的进步和新型材料的涌现，土木工程材料的声学性质将会继续发挥更为重要的作用。

第二节　材料与水有关的性质

一、吸湿性和湿度效应

土木工程材料的吸湿性和湿度效应是决定其性能和可靠性的重要因素之一。吸湿性是指材料吸收水分的能力，湿度效应则是材料在湿度变化下所表现出的性质变化。这两个方面的特性在建筑、桥梁、道路等工程中都有着重要的影响。材料的吸湿性直接关系到其在不同湿度环境下的性能。一些材料，如木材和纤维材料，具有较高的吸湿性，容易受到湿度的影响。随着湿度的增加，这些材料可能发生膨胀、变形或者腐烂，对结构的稳定性造成潜在威胁。在工程设计和材料选择中，需要考虑到材料的吸湿性，以避免由湿度变化引起的问题。湿度效应主要表现在材料在湿度变化下的物理和力学性能的改变。混凝土在高湿度环境中可能发生收缩，而金属材料可能因湿度变化而引发腐蚀。这些湿度效应对建筑结构的耐久性和维护性都有着直接的影响。在高湿度环境中，适当选择抗湿度变化的材料和采取防护措施，是确保结构长期稳定运行的重要手段。材料吸湿性和湿度效应的考虑也与温度有关。湿度和温度共同影响着材料的性能，尤其是在寒冷和潮湿的环境中。在这种情况下，结构中的材料可能因冻融循环而发生裂缝，或者由于湿度引起的膨胀和收缩而影响其力学性能。在寒冷潮湿的气候中，需要选择适应性强的材料，或者通过防护措施来减少湿度效应对结构的影响。在一些高精密度工程中，如电子设备和仪器仪表，湿度效应也是一个需要特别关注的问题。湿度的变化可能导致电子元件的腐蚀和故障，因此需要采取措施，如使用防潮材料或者提供湿度控制设备，以确保这些设备的正常运行。吸湿性和湿度效应是土木工程材料性能中需要被充分考虑的重要方面。在工程设计和实施中，科学合理地选择和使用材料，采取适当的措施以应对湿度变化，是确保结构安全、稳定和可靠性的重要手段。对于不同工程环境和要求，需要综合考虑材料的吸湿性和湿度效应，制订出合适的工程方案，以确保工程的长期健康运行。

二、水膨胀性

水膨胀性是土木工程材料的一个重要性质，直接关系到材料在湿润环境中的表现和稳定性。水膨胀性质主要指材料在吸水后体积的膨胀程度。这对于一些在潮湿环境中使用的结构材料，如混凝土、粘土等，具有重要的工程意义。水膨胀性的研究主要涉及到材料在吸水过程中的体积变化。在湿润环境中，一些材料会吸收水分，导致其体积发生变化。这种变化可能对工程结构造成不利影响，如引起裂缝、变形等问题。对于水膨胀性的深入了解和研究是确保工程结构稳定性和耐久性的关键。水膨胀性主要取决于材料的吸水性质和其内部微观结构。一些多孔材料，如混凝土、粘土等，由于其内部存在大量的孔隙，因而具有较强的吸水性。当这些材料吸水后，水分进入孔隙，引起材料体积的膨胀。对于混凝土而言，其水膨胀性对于工程结构的耐久性有着重要的影响。在湿润环境中，混凝土会吸水膨胀，导致可能的裂缝和变形。这对于一些水下结构，如堤坝、水库等，可能带来潜在的风险。工程设计和施工过程中需要考虑混凝土的水膨胀性，采取合适的措施来减缓其受水膨胀的速度，提高结构的稳定性。粘土是另一个具有显著水膨胀性的材料。粘土的颗粒结构对水分敏感，当吸水后其颗粒间的吸附力增强，从而引起整体体积的膨胀。在土木工程中，粘土的水膨胀性被广泛考虑，尤其在基础工程和地基处理中，需要通过科学的方法控制粘土的水分吸收，以防止因水膨胀引起的地基沉降问题。水膨胀性还涉及材料的渗透性，即材料对水分的渗透程度。水分的渗透会加速材料的吸水膨胀过程，因此在工程设计中需要综合考虑渗透性和水膨胀性，采用适当的材料或添加剂来控制水分的渗透，以维持工程结构的稳定性。水膨胀性是土木工程材料中一个重要而复杂的性质，直接关系到工程结构在湿润环境中的性能表现。通过深入研究水膨胀性，可以为工程设计和施工提供科学依据，降低工程风险，提高结构的耐久性和稳定性。

三、耐水性和防水性

耐水性和防水性是土木工程材料的关键性能特征，直接影响着工程结构的稳定性、耐久性和可维护性。对于水泥、混凝土、金属和其他建筑材料而言，具备良好的耐水性和防水性能是确保工程质量和长期可靠性的重要保障。耐水性是指材料在潮湿、湿润或浸泡条件下保持稳定性的能力。水泥和混凝土作为常见的建筑材料，在实际工程中经常受到湿度的影响。如果材料缺乏足够的耐水性，就可能发生膨胀、溶解或者表面破裂，从而降低工程结构的强度和稳定性。对于桥梁、隧道、地下结构等潮湿环境下的工程，需要选用具有卓越耐水性的材料，以确保结构的长期稳定。防水性则强调的是材料对水分的抵御能力，防止水分渗透到结构内部。在建筑和基础设施工程中，防水性是确保建筑物内部干燥、防潮的重要因素。对于地下室、地下管道、屋顶等部位，采用防水材料和防水技术，可以有效地防止水分渗透，避免结构材料的腐蚀和劣化，保障建筑的使用寿命和安全性。在金属结构方面，防水性更显得至关重要。金属材料暴露于湿润环境中容易发生腐蚀，降低结构的强度和耐久性。对于桥梁、钢结构建筑等工程，采用耐腐蚀性强的金属材料，并进行有效的防腐措施，是确保工程长期稳定运行的关键。随着技术的进步，一些新型防水材料和防水技术也逐渐应用于土木工程中。高分子材料、水泥基防水材料等，通过其独特的分子结构和性能，为土木工程提供了更多的防水解决方案。新型防水涂料、防水卷材等技术的发展，为工程提供了更灵活、更可靠的防水手段。耐水性和防水性是土木工程中不可忽视的重要性能。在材料选择和工程设计中，需要综合考虑工程的使用环境、结构的特点，选择和应用具有良好耐水性和防水性的材料，通过科学合理的工程方案和技术手段，确保结构的稳定性和可靠性。这不仅对工程质量有着直接的影响，也为工程的长期健康运行提供了必要的保障。

四、冻融循环

冻融循环是指材料在温度反复变化到得条件下，经历冷却和加热的过程。在土木工程中，冻融循环是一个重要的考虑因素，因为它直接关系到工程材料在寒冷气候条件下的性能和稳定性。了解材料在冻融循环中的表现，对于设计和维护寒冷地区的工程结构至关重要。其一是引起材料的膨胀和收缩，其二是加剧材料的劣化和破坏。这两个方面的相互作用使得冻融循环成为一个需要被深入了解和处理的复杂问题。在冻融循环中，材料的膨胀和收缩是由于水分的结冰和融化引起的。当水分渗入材料中，温度下降时水分结冰，导致体积膨胀；而当温度升高时，冰体融化，导致体积收缩。这个过程不仅可能引起材料的微观结构变化，还可能导致宏观上的裂缝和变形。材料的劣化和破坏是由于冻融循环中产生的应力和变形。在温度的变化过程中，由于膨胀和收缩引起的内部应力可能超过材料的承受能力，导致裂缝的产生。特别是对于一些多孔材料，如混凝土，水分的冻结还可能导致微观结构的破坏，从而影响整体的力学性能。为了应对冻融循环的挑战，工程领域采用了一系列的方法和技术。在混凝土中添加一些防冻剂和增加骨料的细度，可以减缓水分的渗透和减轻冻融循环的影响。使用合适的施工技术和设计手段，如避免结构形式上的死角，也可以减少冻融循环对工程结构的不利影响。冻融循环的考虑在寒冷气候地区的基础工程和道路建设中尤为重要。在这些工程中，土壤和路基材料的冻融循环性能直接影响着道路的平整度和稳定性。对于这些材料的选择和设计都需要充分考虑其冻融循环性能，确保工程结构在寒冷气候中具有足够的抗冻性和耐久性。冻融循环是一个复杂而重要的土木工程材料性能问题。通过深入研究和综合应用相关的工程技术，可以有效地应对冻融循环带来的挑战，提高工程结构在寒冷气候条件下的性能和可靠性。

五、腐蚀和水中环境影响

腐蚀和水中环境对土木工程材料的影响是不可忽视的重要因素。腐蚀是指材料在与环境中的水分和其他化学物质接触时，发生氧化、腐蚀或化学变化的过程。这种现象对于金属和混凝土等建筑材料来说是常见的，而水中环境则是腐蚀发生的主要场所之一。在水中环境中，金属结构容易受到腐蚀的影响。水中的溶解氧、盐分和其他化学物质可能导致金属的氧化反应，形成金属氧化物。这些氧化物不仅影响金属的外观，还可能导致金属结构的腐蚀、强度降低和最终的结构破坏。在设计水下工程、海洋工程和桥梁等结构时，需要选择抗腐蚀性强的金属材料，或者采用防腐蚀技术，以延长结构的使用寿命。混凝土在水环境中同样面临腐蚀的挑战。水中的化学物质和溶解物质可能渗透到混凝土内部，引发混凝土的化学反应和离析现象。这种腐蚀现象不仅影响混凝土的力学性能，还可能导致混凝土表面的开裂和剥落。在水中工程和水利工程中，为了提高混凝土的抗腐蚀性，需要采用耐海水、耐化学腐蚀的混凝土材料，并注意混凝土的配合比和施工质量。水中环境的温度变化也可能影响材料的腐蚀性。特别是在寒冷地区，水中结冰和融冰的过程容易导致结构表面的腐蚀和损伤。在设计和施工中，需要考虑到水中环境的气候特点，采取防冻措施以减缓结构的腐蚀速度。对于水中环境的其他影响，还包括水中生物的作用。一些水中生物可能分泌酸性物质或者产生生物膜，对结构造成腐蚀和污染。在水上交通、港口和水库等工程中，需要采取相应的生物防护措施，以减少生物对结构的不利影响。腐蚀和水中环境对土木工程材料的影响是一个复杂而严重的问题。为了保障结构的稳定性和可靠性，工程师需要充分了解材料在水中环境中的腐蚀特性，采用适当的防护措施和材料选择，提高结构的抗腐蚀性，延长其使用寿命，以确保工程的长期安全运行。

第三节　材料的基本力学性质

一、弹性性质

弹性性质是土木工程材料的重要性能之一，它描述了材料在受力后恢复原状的能力。对于结构工程来说，弹性性质直接关系到结构在荷载作用下的变形和变形后的恢复情况。在材料力学中，弹性性质通常通过弹性模量来表示，它是描述材料在受到应力作用时，相对应的应变变化的比率。不同的材料具有不同的弹性模量，这反映了材料对外力的响应速度和程度的差异。弹性性质对于结构的设计和稳定性具有重要意义。在受到荷载作用时，如果材料具有较高的弹性模量，结构就能够更好地抵抗外力的变形。这有助于维持结构的初始形状和稳定性，减小结构变形对于使用性能的影响。弹性性质的了解对于结构的预测和设计也至关重要。通过了解材料的弹性模量，可以预测结构在受到外力时的应变程度，更好地评估结构的性能和耐久性。这对于建筑、桥梁、隧道等工程结构的设计和施工都有着重要的指导作用。弹性性质还与结构的动力响应有关。在地震或其他动态荷载作用下，结构的弹性性质决定了其对外力的响应速度和振动特性。了解结构的弹性性质有助于优化结构设计，提高其抗震性能，确保结构在极端条件下的安全性。一些工程材料，如钢材和混凝土，在设计中需要考虑其非线性弹性性质。这意味着在一定范围内，材料的弹性模量并非固定不变，而是会随着应力或应变的增大而发生变化。对于这类材料，需要采用适当的弹性模量模型来描述其力学行为，更准确地预测结构的变形和响应。弹性性质是土木工程材料中一个至关重要的性能特征。通过深入了解材料的弹性行为，工程师能够更好地设计和建造结构，提高结构的稳定性、耐久性和安全性，确保结构在使用和极端条件下的正常运行。

二、屈服和强度

屈服和强度是土木工程材料力学性能的两个关键参数，它们直接关系到工程结构的安全性和稳定性。屈服是指材料在受力过程中开始发生可逆性变形的阶段，而强度则是指材料能够承受的最大外部力或应力。材料的屈服和强度是由其内部微观结构和原子层面的相互作用决定的。在受力作用下，材料的原子结构发生变化，出现位错和滑移等现象，导致材料整体发生可逆性变形。屈服点是指在这个可逆性变形的过程中，材料开始呈现出明显的变形现象的临界点。强度则是材料所能承受的最大外部力或应力。当材料受到的外部力或应力达到其强度极限时，就可能发生不可逆性变形或破坏。强度的高低直接关系到材料在实际工程中承受外部载荷时的可靠性。对于不同的工程应用，需要选择具有合适屈服和强度特性的材料，确保结构在使用中具备足够的强度和稳定性。在土木工程中，混凝土是一种常用的结构材料，其屈服和强度的研究具有重要的实用价值。混凝土的屈服强度和抗压强度是评估其在不同受力状态下性能的主要参数。混凝土在受力过程中通常表现为弹性、塑性和破裂三个阶段，而屈服点则是材料开始进入可塑性阶段的标志。对于金属材料，如钢材，其强度表现为抗拉强度和抗压强度。金属材料的强度通常较高，因此在结构工程中得到广泛应用。钢结构在受力过程中能够提供较高的屈服点和强度，使得其在大跨度、高层次结构中具有优势。木材作为一种自然材料，在力学性能方面也具有其独特的特点。木材的屈服和强度通常较为复杂，受到木材种类、生长环境等多种因素的影响。在木结构工程中，需要考虑木材的屈服性能和强度特性，以确保结构的稳定性和安全性。屈服和强度是土木工程材料力学性能的两个关键参数，对于工程结构的设计和安全性评估具有重要的意义。通过深入研究和合理选择材料，可以在不同工程应用中取得更好的性能和可靠性。在实际工程中，通过科学的测试和评估手段，可以更好地了解材料的屈服和强度特性，为工程结构的合理设计和建设提供可靠的基础。

三、塑性性质

塑性性质是土木工程材料的一个重要特征，它描述了材料在受到应力作用时能够发生形变而不会立即恢复原状的能力。对于结构工程而言，塑性性质对于材料在超过弹性阈值后的变形行为至关重要。在材料力学中，塑性性质通常通过屈服点和屈服应力来表征。屈服点是指材料在受到一定应力作用后，开始发生可观察的不可逆形变的那一点。屈服应力则是指在此点上的应力水平。了解材料的塑性性质对于结构工程设计至关重要，因为这直接关系到结构在超过弹性极限后的变形和形变行为。塑性性质的了解对于材料的强度和稳定性评估有着重要作用。在设计和建造结构时，需要考虑结构在受到外部荷载作用下可能发生的超弹性变形，确保结构在这种情况下仍能保持足够的稳定性。材料的塑性性质也直接影响到结构在极端负载下的抗震性能，因此在地震设计中，合理评估塑性变形是确保结构抗震能力的重要步骤。一些土木工程材料，如金属和塑料，通常具有明显的塑性性质。这使得这些材料可以更好地适应结构的变形需求。在一些需要弯曲、成形或连接的工程中，选择具有良好塑性性质的材料可以更好地满足结构的实际使用需求。塑性性质也可能带来一些挑战。在结构受到超载作用后，如果塑性变形过度，可能导致结构的永久性变形，进而影响结构的使用寿命和安全性。在设计和施工中，需要充分利用材料的塑性性质采取合适的措施来限制超塑性变形。塑性性质是土木工程材料的一个重要性能特征。通过深入了解材料的塑性行为，工程师能够更好地设计和建造结构，以确保结构在受到外力作用时，能够以可控的塑性变形来适应变化的荷载，并在极端条件下保持足够的稳定性和安全性。

四、疲劳和断裂

疲劳和断裂是土木工程材料在长时间使用和受到外部载荷作用下产生的两种重要的损伤模式。疲劳是指在材料受到重复或交变载荷作用下，随着时间的推移，由于内部微观结构的变化而逐渐累积的损伤。而断裂是指在外部载荷作用下，材料突然发生破裂，可能是由于其受到的应力超过了其承载能力所致。对于土木工程材料而言，疲劳和断裂的研究至关重要，因为这直接关系到工程结构在实际使用中的安全性和可靠性。在长时间使用中，结构材料可能受到不断重复的载荷作用，如交通载荷、风荷载等。这些外部载荷的反复作用可能引起疲劳损伤，导致结构的逐渐衰减和损坏。疲劳的发生主要受到外部载荷频率、幅度以及材料的特性等因素的影响。在土木工程中，如桥梁、风力发电机等结构，在其寿命内都可能受到重复的载荷作用。疲劳的累积损伤可能导致结构出现裂缝，最终引起断裂。断裂是一种突然发生的材料损伤，其发生可能是由于外部载荷突然增大，也可能是由于材料存在隐患或疲劳损伤的影响。在土木工程中，断裂往往是导致结构失效的最终原因。在工程设计和施工中，需要通过科学的手段和检测方法来评估结构材料的断裂特性，以防止潜在的断裂风险。疲劳和断裂的研究涉及材料的力学性能、微观结构和疲劳寿命等多个方面。为了更好地理解材料的疲劳行为，需要进行疲劳试验，通过观察材料在不同载荷作用下的变形和损伤过程，为工程结构的使用寿命提供科学依据。对材料的断裂行为进行研究，探究其断裂的机理和过程，有助于设计更加耐久和可靠的工程结构。在土木工程实践中，为减缓疲劳和防止突发的断裂，工程师通常采取一系列的措施。通过采用合适的材料、设计合理的结构形式，以及进行定期的结构监测和维护，可以有效地延缓结构的疲劳损伤和减小断裂的风险。疲劳和断裂是土木工程材料在使用过程中常见的损伤形式，直接关系到工程结构的安全性和寿命。通过深入研究和科学的预防措施，可以更好地确保工程结构在长时间使用中保持稳定和安全。

五、动态响应和冲击性质

动态响应和冲击性质是土木工程材料的关键特性，它们描述了材料在受到动态荷载和冲击作用下的行为。这些性质对于工程结构在地震、交通运输和爆炸等极端条件下的表现至关重要。在动态响应方面，材料的弹性模量和阻尼特性是关键考虑因素。弹性模量决定了材料对动态负荷的响应速度和变形程度，而阻尼特性则影响了结构的振动衰减和稳定性。了解材料在动态荷载下的响应特性，有助于工程师设计出更为安全和可靠的结构，提高其抗震和抗振动性能。冲击性质则关注材料在受到瞬时冲击作用时的响应行为。一些工程结构，如桥梁、隧道和车辆构件，可能在交通事故、爆炸等突发情况下受到冲击负载。了解材料的冲击性质，有助于预测结构在这些突发情况下的行为，提前采取适当的防护和修复措施。对于金属材料而言，其冲击性质通常与其韧性和断裂韧度有关。韧性高的金属在受到冲击负载时能够更好地吸收能量，减缓裂纹扩展的速度，提高结构的抗冲击性能。在一些要求高强度和高韧性的结构中，选择具有良好冲击性质的金属材料尤为关键。非金属材料，如混凝土和复合材料，其动态响应和冲击性质也是工程设计的重要考虑因素。混凝土在地震、爆炸等动态荷载下的表现直接关系到结构的抗震性能。复合材料由于其独特的结构和组成，通常表现出较好的冲击吸能能力，因此在一些对冲击负载敏感的应用中得到广泛应用。了解材料的动态响应和冲击性质是一项复杂而多层次的任务。这不仅需要深入研究材料的力学性质，还需要考虑其微观结构和组成。实验和模拟是获取这些信息的重要手段，通过综合运用实验测试和数值模拟，工程师能够更全面地理解材料在动态和冲击环境下的性能。动态响应和冲击性质是土木工程材料中的两个重要方面。通过深入了解材料在动态和冲击荷载下的行为，工程师能够更科学地设计结构，提高其在极端条件下的抗灾性能，确保结构在实际使用中的长期稳定性和安全性。

第四节　材料的热工、声学、光学性质及材料的耐久性

一、热工性质

热工性质是土木工程材料在受热作用下的响应特性，对于结构在高温或火灾等条件下的性能至关重要。了解和掌握材料的热工性质，对于工程设计和材料选择具有决定性的影响。热导性是材料热工性质的一个重要指标，它描述了材料传导热量的能力。在高温环境下，热导性对于结构的耐火性能至关重要。一些具有良好热导性的材料，如金属，能够更有效地传递热量，因此在火灾发生时，结构可能更容易受到影响。相反，一些绝缘材料，如岩棉或耐火砖，由于其具有较低的热导性，可能能够更好地隔离高温，并保护结构的完整性。热膨胀系数是描述材料在温度变化下膨胀或收缩程度的参数。在工程设计中，需要考虑结构在温度变化下可能发生的热膨胀，以避免由此引起的变形或裂缝。对于金属结构，其热膨胀系数通常较高，因此在设计中需要采取适当的膨胀节或其他措施来容纳结构在温度变化下的膨胀。热稳定性和耐热性也是热工性质的重要方面。一些材料在高温环境中可能发生分解、软化或失去强度，因此在选择材料时，需要考虑其在高温下的稳定性。在一些耐火工程中，如高温炉膛或高温管道，需要选用能够保持稳定性和强度的特殊耐热材料，确保结构在高温环境中的安全运行。对于一些复合材料，如混凝土和聚合物材料，需要考虑它们在高温下的变形和力学性能。高温环境可能导致混

凝土的失水和劣化，聚合物材料可能发生软化或熔化。在设计和选材时，需要综合考虑这些材料在高温环境下的热工性质，确保结构在极端条件下的安全性和稳定性。热工性质是土木工程材料性能的一个重要方面。通过深入了解和分析材料在高温条件下的响应特性，工程师能够更好地选择和设计结构，提高其在高温环境中的抗热性能，确保结构在实际使用中具有足够的稳定性和安全性。

二、声学性质

土木工程材料的声学性质是评估其声学性能和在声学环境中的表现的关键因素之一。声学性质包括声波传播、吸声性能、声阻抗等多个方面，对于设计和建造住宅、道路、桥梁等工程结构，以及改善城市环境和减少噪声污染具有重要的实际意义。材料的声波传播性质主要涉及声波在材料中的传播速度和传播路径。不同材料的声波传播速度和传播路径可能会受到其密度、弹性模量和波速等因素的影响。在土木工程中，了解材料的声波传播性质有助于优化结构设计，减少声音的传播和反射，提高结构的声学舒适性。吸声性能是衡量材料对声波吸收程度的能力。一些材料具有较好的吸声性能，能够有效地吸收和减弱入射声波。在建筑设计中，吸声性能的考虑对于提高室内空间的音质和减少噪声污染至关重要。选择具有良好吸声性能的材料，可以改善建筑内部的声学环境，使其更加宜居。声阻抗是材料在声波传播中的阻力。材料的声阻抗与其密度和声速等因素相关。在土木工程中，了解材料的声阻抗有助于设计具有特定声学特性的结构，如防护墙、隔音墙等。通过选择合适的材料和结构设计，可以降低声波的传播和反射，减少结构的噪声辐射。除了结构材料的声学性质外，土木工程还涉及地基、路面和桥梁等各种土体结构的声学性质。土体的声学性质与其密度、湿度、孔隙度等有关。在道路和桥梁的设计中，考虑土体的声学性质有助于减少交通噪声的传播，提高周围环境的舒适度。在城市规划和建设中，对于土木工程材料的声学性质进行综合考虑，有助于创建更为宜居的城市环境。通过合理选择和设计材料，以及采取相应的工程措施，可以降低城市中的噪声水平，改善人们的生活品质。土木工程材料的声学性质是影响结构和环境声学特性的重要因素。通过深入研究和实际应用，可以为工程结构和城市环境的声学设计提供科学的依据，提高结构的声学性能和人居环境的质量。

三、光学性质

光学性质是土木工程材料的重要特性之一，它涉及材料对于光的吸收、反射、透射和折射等现象。这些光学特性对于材料在不同环境和应用条件下的表现具有深远的影响。材料的光吸收特性直接关系到其表面温度和热吸收能力。在太阳辐射下，吸收光的材料会将其转换为热量，导致材料表面温度升高。工程中需要在选择材料时考虑其光吸收特性，以确保结构在不同光照条件下的热性能符合设计要求。光的反射和透射特性对于建筑材料和外表面涂层的选取至关重要。反射率高的材料能够反射大部分的入射光，有助于减轻结构受到的太阳照射，降低表面温度。而透明材料的透射特性则常用于采光和美观设计。通过选择合适的光学性质，工程师能够更好地控制结构的室内热环境和视觉舒适度。折射是另一个与光学性质相关的重要现象，尤其在设计光学仪器和透明结构时更为关键。材料的折射率影响其对入射光线的偏折程度，这在光学透镜、窗户等应用中至关重要。了解和控制材料的折射性质有助于提高结构的透明度和光学性能。对于一些具有光学功能的材料，如光纤、光学传感器和反光膜等，需要更为精细地调控其光学性质。光纤材料的低损耗和高折射率使其在通信和传感领域得到广泛应用。而一些光学传感器则通过材料的光敏感性，实现对光信号的高灵敏度检测。光学性质是土木工程材料设计和应用中的重要考虑因素。通过深入了解和利用材料的光学性质，工程师能够更好地选择和设计结构，实现对光照条件的合理利用，提高结构的能效性和可持续性，满足不同应用场景的要求。在未来的工程设计中，光学性质将继续扮演着重要的角色，推动着新一代材料的发展和工程创新。

四、耐久性

耐久性是土木工程材料在不同环境和使用条件下抵抗损伤和保持性能的能力。对于土木工程材料而言，耐久性是其在长期使用中能够维持结构完整性和性能稳定性的关键属性之一。材料的耐久性受到多种因素的影响，其中环境因素是最为重要的之一。气候、温度、湿度、化学物质等环境因素可能对材料产生各种影响，引起腐蚀、劣化、老化等现象。设计和选择具有良好耐久性的材料，对于土木工程结构的寿命和可靠性至关重要。在海洋环境中，材料容易受到潮湿、盐分等因素的影响，导致腐蚀和劣化。对于桥梁、码头、海岸防护等结构，需要选择能够抵御海水侵蚀、具有良好耐腐蚀性的材料，以确保结构的长期稳定性。在寒冷地区，极端低温可能导致材料的冻融循环，对结构材料产生不可逆的影响。为了保证结构在寒冷气候中的耐久性，需要选择具有良好抗冻融性能的材料，并采取相应的施工和维护措施。高温环境下，材料容易发生老化、软化，失去原有的强度和刚度。对于高温地区的土木工程结构，需要选用能够在高温环境下保持稳定性的材料，考虑防止材料老化的有效措施。化学环境中，一些腐蚀性物质可能对材料产生严重的损害。化学品、酸雨等可能导致金属腐蚀、混凝土侵蚀等。在设计和选用材料时，需要考虑结构所处环境的化学性质，选择具有抗化学腐蚀性的材料，以提高结构的耐久性。材料本身的特性也直接关系到其耐久性。一些材料可能天然具有较好的抗腐蚀、耐候性能，如不锈钢、玻璃纤维等。对于混凝土、沥青等常用的土木工程材料，需要通过添加防护剂、改良配方等手段，提高其抗损耗、抗劣化的性能。结构设计和维护也直接影响到土木工程结构的耐久性。科学合理的设计、严格的施工和定期的维护，能够有效延长结构的寿命，提高其在不同环境下的耐久性。土木工程材料的耐久性是工程结构能否经受住时间考验、在复杂环境中长期稳定运行的重要保障。通过深入研究和不断创新，可以不断提升土木工程材料的耐久性，确保工程结构的可持续发展和长期安全运行。

五、新型材料与创新应用

新型材料与创新应用在土木工程领域引起了广泛关注。这些材料的引入为工程设计和建造提供了新的思路和解决方案，推动了土木工程领域的创新发展。新型复合材料是土木工程中的一项重要创新。与传统材料相比，新型复合材料通常具有更轻、更强、更耐腐蚀的特性。碳纤维增强聚合物（CFRP）在桥梁和建筑结构中的应用，减轻了结构负担并提高了抗拉强度。这种材料的优越性能使得结构更为耐久和可靠。新型纳米材料的涌现为土木工程注入了更多创新元素。纳米技术的应用使得材料的性能得到了极大的提升，如纳米陶瓷的高强度和耐磨性，为建筑和基础设施的耐久性提供了新的可能性。纳米技术还能够改变材料的导电性、导热性等特性，拓展了材料的应用领域。具有自修复功能的新型材料是近年来的一个研究热点。通过引入自修复机制，这些材料能够在受到损伤后自动修复，延长结构的使用寿命并减少维护成本。自修复混凝土通过微观胶体囊泡的引入，能够在混凝土裂缝产生时释放修复材料，填充裂缝，提高结构的抗裂性能。在创新应用方面，智能材料的引入为土木工程带来了更多的可能性。智能材料能够对外部环境作出响应，具备感知、传输、控制的功能。智能隔震支座能够根据地震的强度自动调整支座的刚度，提高结构的抗震性能。这些智能材料的引入不仅增强了结构的适应性，也提高了结构的安全性和可维护性。在环保和可持续性方面，可再生材料和生物基材料的应用成为新的趋势。木材、竹材等天然可再生材料因其低碳、环保的特性，得到了广泛的应用。生物基材料，如生物降解塑料，为土木工程的可持续发展贡献了一份力量。新型材料的涌现以及对其创新应用的不断探索，推动了土木工程领域的发展。这些材料不仅为结构设计提供了更多选择，还为工程的可持续性和智能化提供了新的思路。随着科技的不断进步，新型材料和创新应用将继续在土木工程领域中发挥重要作用。

第五节　材料的组成、结构与构造及其对材料性质的影响

一、基本组成

土木工程材料是由多种不同的元素和化合物组成的复杂体系。这些元素和化合物的组合形成了材料的基本组成，影响了材料的性能和用途。金属是土木工程材料中的一类重要组成。铁、铜、铝等金属在土木工程中广泛应用，因为它们具有优越的强度和导电性能。金属的晶格结构决定了其力学性质，而添加合金元素可以调节金属的硬度和耐腐蚀性。非金属矿物是另一类土木工程材料的基本组成。石灰石、花岗岩、沙子等矿物常被用于混凝土和建筑材料的制备。这些矿物的物理和化学性质对于混凝土的强度、耐久性以及其他工程特性有着重要影响。有机材料也在土木工程中得到广泛应用。木材、聚合物、纤维素等有机材料具有轻质、绝缘性能、易加工等优点，适用于建筑结构和其他应用场景。有机材料的分子结构和聚合方式影响了其力学性能和稳定性。水泥是混凝土制备中的关键组成部分，由石灰石、黏土、石膏等原材料烧成。水泥的化学成分和矿物组成决定了混凝土的强度和硬化特性。混凝土的性能又对建筑结构的稳定性和耐久性产生深远影响。玻璃、陶瓷等无机非金属材料也是土木工程中常用的组成。玻璃的硬度和透明性使其适用于建筑中的窗户和幕墙。陶瓷的高耐磨性和高温稳定性使其在特殊工程领域有独特应用。纤维材料，如钢筋、碳纤维等，是土木工程中常用的强化材料。这些纤维通过增强材料的抗拉性能，提高了结构的承载能力。纤维材料的排列方式和组成成分对于强度和韧性的调控具有重要意义。土木工程材料的基本组成是多元的，包括金属、非金属矿物、有机材料、水泥、玻璃、陶瓷、纤维材料等。这些材料的不同组成和结构决定了它们在工程中的不同用途和性能。工程师需要根据具体的设计需求和工程环境选择合适的材料，确保结构的稳定性和耐久性。

二、微观结构与晶体学

微观结构和晶体学是土木工程材料研究中的重要方面，它们涉及材料的内部组织、原子排列和晶体结构等微观层面的性质。理解土木工程材料的微观结构和晶体学特征对于设计、选择和改进工程材料具有关键作用。在微观结构层面，土木工程材料的性能受到内部组织和相互关系的影响。混凝土是一种多相材料，其微观结构中包含水泥石、骨料和孔隙等多个组分。混凝土的性能与水泥石的水化程度、骨料的分布和孔隙率等密切相关。通过深入研究混凝土的微观结构，可以揭示其在受力、湿度和温度变化下的行为，

为工程结构的设计提供科学依据。晶体学是研究晶体结构和性质的学科，而晶体结构是材料内部原子或离子的有序排列。金属、陶瓷等一些常见的土木工程材料具有晶体结构，晶体结构的类型和排列方式对材料的力学性能、导电性、导热性等性质产生重要影响。通过了解晶体学特征，可以更好地预测材料的性能和行为。钢材是一种常用于土木工程的金属材料，其晶体结构类型主要包括铁素体、马氏体和奥氏体。不同的晶体结构类型影响着钢材的硬度、强度和韧性等性能。通过调整热处理工艺，可以改变钢材的晶体结构，使其适应不同工程用途的要求。陶瓷材料是一类在土木工程中广泛使用的非金属材料，它们通常具有离子晶体结构。陶瓷材料因其高温稳定性和硬度而受到青睐，但其脆性也使得其在某些应用中存在一定限制。通过研究陶瓷材料的晶体学特征，可以更好地理解其脆性行为，并寻求提高其韧性和耐久性的方法。除了金属和陶瓷，聚合物材料在土木工程中也有广泛应用，其分子链排列形成其微观结构。聚合物材料的性能与分子结构、结晶度和交联程度等密切相关。通过调整聚合物材料的分子结构，可以改变其力学性能、热稳定性和化学稳定性，满足不同工程需求。微观结构和晶体学的研究对于理解土木工程材料的性能、优化结构设计以及提高材料的工程应用性具有深远的影响。

三、宏观结构与组织

土木工程材料的宏观结构与组织是其性能和行为的关键因素。宏观结构是指材料在肉眼层面上的整体形态和排列，而组织则涉及材料内部的微观结构和元素的排列方式。这两者共同决定了材料的力学性能、耐久性和适用范围。宏观结构对材料的力学性能产生深远的影响。金属材料的宏观结构包括晶体的排列方式、晶粒的尺寸和形状。这些因素决定了金属的强度、硬度和塑性。在混凝土等非金属材料中，宏观结构涉及骨料的分布和砂浆的均匀性，这直接关系到混凝土的抗压强度和耐久性。组织是材料内部微观结构的表现，对于材料的性能同样至关重要。金属材料的组织包括晶粒和晶界，晶粒的大小和形状会影响材料的塑性和强度。非金属材料如混凝土的组织涉及水泥凝胶、骨料和孔隙的排列，直接影响着混凝土的强度和耐久性。有机材料的组织涉及聚合物链的排列方式，直接影响材料的强度和断裂性能。材料的宏观结构和组织在生产和制备过程中可以通过调控工艺参数来进行优化。通过热处理可以调控金属材料的晶粒尺寸和晶界强度，提高材料的强度和硬度。在混凝土的制备中，可以通过优化骨料的选用和掺入添加剂来调节混凝土的宏观结构和组织，以提高其性能。宏观结构和组织对材料的疲劳性能也有着直接的影响。金属材料中的晶粒和晶界是疲劳裂纹的起始点，因此调节材料的组织有助于提高其疲劳寿命。在混凝土中，宏观结构的均匀性和组织的致密性也直接关系到混凝土在交变荷载下的疲劳性能。宏观结构与组织是土木工程材料性能的基础。通过深入理解和控制材料的宏观结构和组织，工程师能够更好地设计和选择材料，提高结构的安全性、耐久性和性能。这种对材料内在特性的深入认识，有助于实现对材料性能的精细调控，为工程实践提供更加可靠和优化的解决方案。

四、构造与制备工艺

土木工程材料的构造与制备工艺直接影响着其性能和适用范围。构造指的是材料的内部结构和组织，而制备工艺则是指在制造过程中采用的方法和技术。理解和优化土木工程材料的构造与制备工艺，对于确保结构的稳定性和性能的稳定性至关重要。混凝土是土木工程中广泛使用的建筑材料之一，其构造与制备工艺对结构的耐久性和强度有着重要的影响。混凝土的构造主要包括水泥石的水化程度、骨料的分布以及孔隙结构等。水泥石的水化程度直接关系到混凝土的强度和抗压性能。骨料的分布均匀性和孔隙结构的合理设计有助于提高混凝土的耐久性和抗渗性能。金属材料的构造与制备工艺涉及其晶体结构和热处理过程。通过调整金属的冷却速度、温度和时间等因素，可以改变其晶体结构，影响其力学性能。金属材料的制备工艺还包括熔炼、轧制、锻造等多个步骤，每一步骤都对材料的结构和性能产生重要影响。通过控制冷却速度，可以得到具有不同硬度和强度的金属材料。陶瓷材料的制备工艺主要涉及到原料的选择、成型、烧结等步骤。陶瓷的成分和烧结温度直接关系到其最终的晶体结构和性能。通过采用不同的成型工艺，可以得到不同形状和尺寸的陶瓷制品，满足不同工程需求。聚合物材料的制备工艺包括聚合反应、挤出、注塑等多个步骤。通过选择不同的单体、引发剂和反应条件，可以合成出具有不同性能的聚合物材料。制备过程中的温度、压力和反应时间等因素对聚合物的结构和性能有着重要的影响。在土木工程中，还有一类复合材料，其制备工艺涉及不同材料的组合与结合。纤维增强复合材料通过将纤维与基体材料结合，既继承了纤维的高强度和刚度，又具有基体材料的韧性。这涉及纤维的排列方式、基体的选择以及制备过程中的复合方法等多个方面。土木工程材料的构造与制备工艺直接决定了其性能和适用范围。通过深入研究和不断创新，可以优化材料的内部结构，提高其性能和适用性，为土木工程领域的可持续发展和创新提供坚实的基础。

五、材料的可持续性和环保

土木工程材料的可持续性和环保性是当今工程设计中不可忽视的关键因素。这涉及对资源的合理利用、减少环境负担以及提高材料寿命等多方面的考虑。可持续性要求材料的生产和使用过程中尽量减少资源消耗。对于金属材料，采用回收再利用的方式可以有效减少矿石开采的需求，降低资源浪费。在混凝土等非金属材料中，采用替代骨料和掺入环保添加剂，既可以减少对天然资源的依赖，又能改善混凝土的性能。环保性的考虑包括材料生产过程中对环境的影响和材料在使用过程中的可回收性。传统水泥生产过程中释放的二氧化碳是一个环境负担，而研究和采用新型水泥生产技术，如碳捕捉技术，有助于降低生产过程的碳排放。对于混凝土这样的材料，通过合理的设计和维护，延长其使用寿命，减少对环境的负担。可持续性和环保性的考虑还体现在材料的生命周期分析中。生命周期分析考虑了从原材料开采、生产、使用到废弃的整个过程，通过综合评估对环境和资源的影响，为选择合适的材料提供科学依据。通过降低生产和使用阶段的环境影响，采用可回收材料和可再生材料，有助于建筑和基础设施的可持续发展。新型可持续材料的研究和应用，也是推动土木工程领域可持续性发展的一项重要举措。利用生物基材料、再生材料和无机水泥等，既可以减少对有限资源的依赖，又能降低生产过程的能耗和环境污染。这些新型材料的应用不仅有助于提高工程的环保性，还能够推动产业的转型升级。土木工程材料的可持续性和环保性已经成为工程设计不可或缺的考虑因素。通过合理选择材料、改进生产工艺、推广新型可持续材料，可以为保护环境、降低资源消耗、提高工程质量和寿命等方面做出积极贡献。

第三章 石 材

第一节 岩石的组成与分类

一、岩石的基本组成

岩石是土木工程中常用的建筑材料之一，具有坚固、耐久、稳定等特点，广泛应用于建筑、道路、水利等领域。岩石的基本组成主要包括矿物、结构和岩石的形成过程。矿物是岩石的基本组成单位之一，是由一个或多个元素组成的化合物或纯元素。岩石中的常见矿物有石英、长石、云母等。不同矿物的硬度、颜色、透明度等特性对岩石的整体性能产生影响。岩石中的矿物组合形成了不同的岩石类型，如花岗岩、片岩、砂岩等。岩石的结构是指矿物在岩石中的排列方式和联系。结构对岩石的强度、稳定性和断裂性能有着直接的影响。片理是岩石中常见的断裂面，其方向和倾角直接关系到岩体的稳定性。岩石的结构也包括颗粒间的填充物，如水和气体，这些填充物会影响岩石的弹性模量和渗透性。岩石的形成过程是其基本组成的重要方面。岩石可以通过火成、沉积、变质等多种地质作用形成。火成岩是由岩浆冷却凝固而成，如花岗岩。沉积岩是由岩屑、有机物等在沉积过程中逐渐固化而成，如砂岩。变质岩则是在高温和高压条件下原岩发生变质作用形成的，如片岩。岩石的物理性质也是其基本组成的一部分，包括密度、孔隙度、磁性等。这些物理性质直接关系到岩石的工程性能和适用范围。孔隙度和渗透性决定了岩石的抗渗性和稳定性，密度影响了岩石的承载能力。岩石的基本组成涉及矿物、结构、形成过程和物理性质等多个方面。这些组成部分共同决定了岩石的性能和适用性。在土木工程中，工程师需要对不同类型的岩石进行综合分析，以合理选择和使用岩石材料，确保工程的安全性和耐久性。

二、岩石的形成与演化

岩石是地球上的一种天然材料，其形成是地质过程的结果。岩石的形成主要受到地球内部和外部的多种力量和条件的影响，这些过程是相互关联、复杂而漫长的。地球内部的构造运动是岩石形成的关键因素之一。地球内部存在着高温、高压的条件，促使了地壳物质的熔融、流动和变形。构造运动包括板块运动、火山活动、地壳抬升等，这些运动导致了地壳内部的变形和破碎，形成了各种类型的岩石。火山活动是一种重要的岩石形成过程。当地壳下的岩石熔融并上升到地表时，形成了火山岩。火山爆发的类型和频率影响着火山岩的类型和分布。火山喷发还将岩浆中的气体和矿物质喷射到大气中，这些物质在冷却后形成了火山渣、火山灰等沉积岩。沉积作用是另一种岩石形成的关键过程。当岩石经历了风化、磨蚀和运移后，沉积在水体中形成沉积岩。这些沉积岩可能包括砂岩、页岩、石灰岩等，其形成受到河流、湖泊、海洋等水体的影响。沉积岩的堆积和压实过程使得沉积物变为坚固的岩石。地热作用是岩石形成的重要过程之一。地球内部的高温导致了岩石的熔融和再结晶。岩浆的冷却过程形成了火成岩，而岩石的再结晶过程则导致了变质岩的形成。地热作用还与板块运动和地壳的抬升下沉等过程相互作用，共同塑造了地壳内部的岩石结构。岩石的形成也与化学作用密切相关。地下水和地表水中的溶解物质通过渗透和沉淀的过程，影响着岩石的化学成分和结构。水中的溶质可以溶解和改变岩石中的矿物质，形成新的岩石类型，如石膏、盐岩等。岩石的形成是地球长期演化过程的产物，受到构造运动、火山活动、沉积作用、地热作用和化学作用等多个因素的综合影响。通过理解这些形成过程，可以更好地认识岩石的性质和特征，为土木工程中岩石的选择和应用提供科学基础。岩石的演化是地球长时间演变过程中的产物，其形成过程主要包括岩石的形成、变质和沉积三个阶段。岩石的形成是通过地球内部的火成活动产生的。在地壳深部，高温和高压条件下，岩浆从地幔中上涌，并在地表或地下冷却凝固，形成了火成岩。这一过程中，岩浆的成分、冷却速度和凝固环境将决定最终形成的岩石类型，如花岗岩、玄武岩等。变质作用是岩石演化的重要环节。岩石在地壳深部受到高温和高压的作用，发生了物理和化学变化，形成了变质岩。这个过程涉及矿物的晶格调整、结构的改变，使岩石具有了新的性质和结构，如片岩、云母片岩等。沉积是岩石演化的另一重要方面。岩石经过风化、侵蚀、运移等过程，产生的岩屑、颗粒在水体中沉积，形成沉积岩。沉积岩的形成与环境条件、水体类型等密切相关，如砂岩、页岩等，其中的沉积特征记录了地球历史的变迁。除了这三个主要阶段，岩石的演化还受到地壳构造运动的影响。地球内部的构造活动导致岩石发生变形、断裂和隆升等变化。构造运动可以使得深部岩石升华至地表，形成新的地形，也可能导致岩石的变形和破碎。岩石的演化是一个长时间尺度的过程，涉及地球内部的物理化学变化、构造运动和外部环境的作用。这一演化过程使地球表面形成了丰富多彩的岩石类型，为土木工程提供了丰富的建筑材料资源。

三、岩石的分类与命名

岩石是地球表面的主要组成部分之一，根据其成因、组成和结构的不同，可以对岩石进行多层次、多维度的分类。岩石的分类体系主要包括岩石的成因分类和岩石的组成分类。从岩石的成因来看，可以将岩石分为火成岩、沉积岩和变质岩三大类。火成岩是由地下深处的岩浆冷却凝固而成，分为侵入性的花岗岩等和喷发性的玄武岩等。沉积岩是由岩屑、有机质等沉积物在水体中积累、压实而形成，包括砂岩、页岩、石灰岩等。变质岩则是原有的岩石在高温和高压下发生变质，如片麻岩、云母片岩等。按照岩石的组成来看，可以将岩石分为矿物岩和非矿物岩。矿物岩主要是由矿物质组成，常见的有石英岩、长石岩等。非矿物岩则以玻璃、冰等非结晶物质为主，如玻璃岩和冰川岩等。根据岩石的颗粒大小和颗粒排列方式，可以将岩石细分为粗粒岩、中粒岩和细粒岩。粗粒岩的颗粒较大，如砾岩和砂岩；中粒岩的颗粒大小适中，如页岩和石英岩；细粒岩的颗粒较小，如黏土岩和石灰岩。根据岩石的颜色、硬度、密度等物理性质，也可以进行分类。黑云母片岩常呈黑色，花岗岩硬度较高，而石灰岩密度相对较低。岩石的分类具有多样性，不同的分类方法展现了岩石丰富多彩的特征。深入了解岩石的分类有助于科学理解其特性，为土木工程中的岩石勘探、选择和应用提供科学基础。岩石作为土木工程中的重要材料，其分类体系的建立和完善有助于更好地理解和应用这一丰富而复杂的自然资源。岩石的命名是通过对其矿物组成、结构特征、形成过程和物理性质等方面进行详细观察和研究，确立其科学分类和命名体系。岩石的命名旨在准确描述其特征，方便地质学家对地质体进行识别和分类。下面将简要论述岩石的命名方式和背后的科学原理。岩石的矿物组成是命名的重要依据之一。不同岩石中所含的矿物种类和相对含量不同，这直接影响了岩石的性质和用途。以花岗岩为例，其主要矿物成分包括石英、长石和云母等，而片岩则可能含有云母、石英、长石等不同的矿物组合。通过对岩石中矿物的鉴定和量化，地质学家能够对岩石进行科学分类。岩石的结构特征也是命名的重要考虑因素。岩石的结构包括晶体的排列、矿物间的相对位置、裂缝和节理等，这些特征直接关系到岩石的强度、稳定性和可加工性。玄武岩具有玻璃质基质和微晶状结构，而片岩则以其片理和层理而著称。结构的观察和分析为岩石的科学命名提供了直观而重要的依据。岩石的形成过程也是其命名的考虑因素之一。不同的形成过程导致了不同类型的岩石。火成岩是由岩浆冷却凝固而成，沉积岩是由岩屑在水体中沉积形成，变质岩则是在高温和高压条件下原岩发生变质作用形成的。通过对岩石形成过程的了解，可以更好地理解岩石的性质和特征。岩石的物理性质在其命名中也起到了重要的作用。岩石的密度、孔隙度、硬度等物理性质直接关系到其在土木工程中的应用。坚硬的花岗岩适用于建筑结构的耐久性要求，而多孔的砂岩则可能更适合用于路基工程。物理性质的研究有助于更好地选择和应用岩石材料。岩石的命名是一项复杂而系统的工作，涉及多个方面的综合考虑。通过对岩石的细致观察和科学分析，地质学家能够为岩石确定准确而明确的名称，为土木工程提供了重要的基础材料。这种命名方式体现了地质学作为一门科学的精确性和系统性，为研究地球资源提供了科学基础。

四、岩石的工程特性

岩石是土木工程中常见的重要材料之一，其工程特性直接影响着工程的设计、施工和稳定性。岩石的工程特性主要包括物理性质、力学性质和水文地质性质。物理性质是岩石的一些基本特征，如颜色、密度、孔隙度等。这些性质与岩石的成分和结构密切相关，对于工程中的岩石勘探和选择至关重要。颜色可以反映岩石中的矿物成分，密度和孔隙度则关系到岩石的重量和吸水性。力学性质是岩石在受力作用下的响应特性，包括抗压强度、抗拉强度、抗剪强度等。这些性质反映了岩石的强度和稳定性，对于工程中的基础设计、坡面稳定和隧道开挖等具有重要意义。不同类型的岩石具有不同的力学性质，需要根据实际情况进行合理选择和应用。水文地质性质是岩石在水文条件下的表现特性，包括渗透性、渗透系数等。这些性质对于工程中的水文地质评价、地下水的开采和防水设计等具有关键性的影响。岩石的渗透性决定了水分在岩体中的传递速度，对于保持坡体的稳定性和控制隧道工程的渗水问题至关重要。热物理性质是岩石在温度变化下的响应特性，包括导热系数、热膨胀系数等。这些性质在地热工程、岩体温度变化和矿井工程等方面具有重要的应用价值。了解岩石的热物理性质有助于科学合理地设计和利用地下热能资源。除了以上主要的工程特性外，岩石还具有一些其他的特殊性质，如地震波传播速度、岩石的破裂和变形特性等。这些特性对于工程地震风险评估、岩体变形监测和岩石爆破等方面有着重要的意义。岩石的工程特性是土木工程中不可忽视的关键因素之一。了解岩石的物理性质、力学性质、水文地质性质等方面的特性，有助于科学合理地进行岩石工程勘探、选择和设计，提高工程的稳定性和安全性。岩石作为土木工程中的重要构成部分，其工程特性的深入研究和应用将为工程领域的进步和创新提供有力的支持。

五、岩石的工程应用与挑战

岩石在土木工程中扮演着重要的角色，其坚固的特性使其在建筑、基础工程和地质工程等领域被广泛应用。在基础工程中，岩石可作为承重和支撑结构的理想材料，其高强度和抗压能力使得其成为建筑物和桥梁的可靠基石。岩石的抗风化和稳定性也使其在道路和隧道工程中发挥着关键作用，确保了工程的长期可靠性。岩石的巨大强度和坚硬特性使其成为隧道和坑道施工的理想材料。在地铁、交通隧道和水利工程中，岩石的承载能力和稳定性为工程提供了坚实的基础。在岩土工程中，岩石的储水和渗透特性使其在水资源工程中发挥了关键作用，成为水坝和水库的理想材料。在油气勘探和开采领域，岩石也具有重要地位。油气层常嵌藏在各种类型的岩石中，岩石的孔隙结构和渗透性成为勘探和开采的重要因素。岩石的稳定性和耐高温性质使其成为油井和天然气井的重要结构材料，确保了油气开采过程的安全和可靠。岩石在地质工程中的应用同样不可忽视。在大规模土木工程中，如坝基处理和边坡稳定，岩石的特性成为工程设计和实施的基础。通过合理利用岩石的强度和抗风化能力，工程师能够降低工程风险，提高工程的稳定性和可持续性。岩石在土木工程中的应用广泛而深远。其强度、稳定性以及其他特性使其成为建筑、基础工程和地质工程中不可或缺的材料。通过科学合理地利用岩石的优势，工程师能够确保工程的安全、稳定和长期可靠性。岩石是土木工程中常遇到的挑战之一。在工程实践中，岩石的性质和特点对工程的设计、施工和维护都有着深远的影响。岩石的坚硬、不均匀和多变性等特性使其成为土木工程中需要认真对待的复杂因素。岩石的坚硬性质是其在土木工程中的一大挑战。由于岩石的硬度较高，施工过程中常需采用专业的岩土工程设备和工具，以确保能够有效地开采和处理岩石。岩石的坚硬性质也对工程结构的设计提出了更高的要求，需要考虑如何充分利用岩石的承载能力，确保工程的稳定性和安全性。岩石的不均匀性使得在实际工程中难以对其进行准确的预测和评估。岩石的地质结构和组成成分存在着差异，导致其力学性质和强度也呈现出多样性。在进行土木工程设计时，需要根据具体的岩石情况采取不同的处理手段，以应对其不均匀性带来的挑战。岩石的多变性也是土木工程中常面临的问题之一。岩石可能因地质变化、季节变化等原因而发生变形和破裂，对工程结构的稳定性和持久性构成威胁。在工程设计和施工过程中，需要对岩石的多变性进行全面考虑，采取相应的防护和加固措施，确保工程的长期稳定和安全运行。岩石作为土木工程中的一项重要因素，其坚硬性、不均匀性和多变性等特点都给工程带来了一系列挑战。在处理岩石问题时，需要综合考虑地质、工程结构和施工技术等多个方面因素，确保土木工程能够克服岩石带来的各种困难，保证工程的成功实施。

第二节　土木工程中常用的岩石及石材

一、岩石的分类和特性

岩石在土木工程中扮演着至关重要的角色，其广泛的应用离不开对其分类和特性的深入理解。岩石主要分为火成岩、沉积岩和变质岩三大类，每一类岩石都具有独特的特性。火成岩主要包括花岗岩、玄武岩等，其特点是由地壳深部的岩浆冷却凝固形成，具有坚硬、晶莹等特性。沉积岩主要包括砂岩、页岩等，是由岩石颗粒在水或风的作用下沉积而成，具有分层、透水性等特性。变质岩则是在高温高压条件下对原有岩石进行改造，如片岩、云母片岩等，具有韧性、抗压能力较强的特性。岩石的物理特性包括颜色、密度、孔隙度等。颜色通常与岩石中的矿物成分有关，不同的颜色反映了岩石的不同成分。密度是指岩石单位体积内所包含的质量，不同岩石由于成分和结构的不同而具有不同的密度。孔隙度则是指岩石中的孔隙空间所占的比例，直接关系到岩石的透水性和稳定性。岩石的力学特性是工程中关注的重要方面，主要包括抗拉强度、抗压强度、剪切强度等。抗拉强度是指岩石抵抗拉伸力的能力，抗压强度是指岩石抵抗压缩力的能力，剪切强度是指岩石抵抗剪切力的能力。这些力学特性直接影响了岩石在土木工程中的使用范围和稳定性。岩石的耐候特性也是土木工程中需要考虑的因素之一。不同的岩石对气候和环境的适应能力不同，有的岩石容易受到风化、侵蚀等影响，而有的岩石则相对耐久。在工程设计和施工中需要充分考虑岩石的耐候性，选择适合特定环境条件的岩石材料。岩石的分类和特性，对于土木工程的材料选择和工程设计至关重要。深入了解岩石的物理、力学和耐候特性，有助于工程师科学合理地利用这一重要的自然材料，确保工程的稳定性和持久性。

二、石材的种类和用途

石材作为土木工程中一种重要的建筑材料，种类繁多，具有广泛的用途。不同类型的石材在工程中扮演着各自独特的角色，满足了建筑和结构的多样需求。大理石是一种常见的石材，以其高雅的外观和优美的纹理而受到青睐。在土木工程中，大理石常被用于室内装饰、雕塑和建筑外观。其高度的装饰性使得大理石成为许多古代和现代建筑中的重要材料，为建筑赋予了独特的艺术氛围。花岗岩是一种坚硬、耐久的石材，常用于室外场所的地面、台阶和墙壁。其抗风化和耐磨性能使得花岗岩在户外环境中表现出色，能够承受各种自然和人为的环境影响，保持长期的美观和稳定性。石灰石是一种多孔且易雕刻的石材，常用于雕塑和建筑立面的装饰。其质地柔软，易于雕刻出各种精致的图案和纹理，因此在古代和现代建筑中均有广泛应用。石灰石还具有一定的吸湿性能，有助于调节室内湿度，提升室内环境的舒适度。板岩是一种层状石材，其薄片结构使得其适合用于屋顶覆盖和墙体装饰。板岩具有优异的耐候性和隔热性能，常用于建筑的外墙和屋顶，为建筑提供了稳定的保护层。其独特的颜色和纹理也赋予了建筑独特的外观。玄武岩作为一种黑色火成岩，常用于道路、桥梁和护坡等工程。其坚硬的质地和抗压性能，使得玄武岩能够承受交通和自然环境的多重压力，保持道路和结构的稳定性。石材在土木工程中具有多种不同的种类和用途。从大理石的装饰性到花岗岩的耐磨性，再到石灰石的雕刻性能和板岩的屋顶覆盖特性，以及玄武岩在道路和桥梁工程中的应用，每一种石材都为土木工程提供了丰富的选择，满足了不同工程对于材料性能和外观要求的需要。

三、岩石工程勘察与测试

在土木工程中，岩石的工程勘察与测试是确保工程安全可靠的关键步骤。通过详细的勘察和科学的测试，工程师能够全面了解岩石的特性，为工程设计提供准确的数据支持。岩石工程勘察主要包括地质调查、地质勘探和地质测量等，通过对地层结构、岩石性质以及地下水情况的综合分析，为后续工程设计和施工提供必要的信息。地质调查是岩石工程勘察的首要步骤之一，通过对工程区域的地质背景、地貌特征以及地层构造的详细观察，工程师能够初步了解地下岩石的分布状况。地质调查的结果为后续地质勘探提供了重要的指导，有助于确定勘察点位和测试方法。地质勘探是对具体区域内岩石特性的深入研究，通常采用钻探、取样和岩芯分析等方法。通过这些勘探手段，工程师能够获取关于岩石的物理性质、化学成分和孔隙结构等方面的详细信息。这些数据对于工程设计中的基础设施选址、地下结构设计以及岩土工程的合理规划至关重要。地质测量是通过地球物理方法，如地震波测定、电阻率测量等，对岩石的地下结构进行探测。这种方法在大范围、深层次的岩石工程勘察中具有较大的优势，为工程师提供了更全面、更深入的岩石信息。岩石工程测试是确保工程质量和安全的重要环节。通过对岩石的物理力学性质、强度特性、耐久性等进行实验室测试，工程师能够更加准确地评估岩石在工程中的表现。岩石的抗拉强度、抗压强度、剪切强度等参数的测试结果对工程设计和结构安全评估起到决定性的作用。岩石工程勘察与测试是土木工程中不可或缺的环节。通过全面了解岩石的地质背景和物理性质，工程师能够制订科学合理的工程方案，确保工程的可持续性和安全性。岩石工程勘察与测试的结果直接影响着土木工程的成功实施，为工程的可靠性提供了坚实的基础。

四、岩石在土木工程中的应用

岩石在土木工程中扮演着至关重要的角色。其坚硬、稳定和耐久的特性使其成为各类工程结构的理想基材。在地基工程中，岩石作为一种坚实的基础支撑，能够有效地分散和传递建筑物的荷载，保障工程的稳定性和安全性。岩石还广泛应用于隧道工程，其抗压和耐磨性能能够确保隧道结构长期稳定运行。在桥梁工程中，岩石常用于桥墩和桥基的建造。岩石的高强度和抗震性能有助于提高桥梁的整体稳定性，确保桥梁在面对交通和自然灾害时能够承受各种外部压力。岩石还可作为桥梁墩基础的牢固支撑，为桥梁提供可靠的基础结构。在水利工程中，岩石常用于堤坝的建设。由于其质地坚硬和具有耐水性，能够有效防止水土流失，提升堤坝的整体稳定性。岩石还可作为防洪墙的建造材料，有效阻挡洪水，保护周边地区的安全。岩石在公路和铁路工程中也发挥着关键作用。作为路基和路面的材料，岩石能承受交通负荷和气候变化的影响，维持道路的平整和耐久。在铁路工程中，岩石通常用于铁轨的固定和支撑，确保铁路线路的平稳和安全运行。岩石还常见于海岸工程中，用于护坡和防波堤的建造。其抗水侵蚀和抗海浪冲击的特性，有助于保护海岸线的稳定性，减缓沿海地区的侵蚀和海岸退缩。岩石在土木工程中的应用十分广泛，涵盖了地基工程、桥梁工程、水利工程、公路和铁路工程以及海岸工程等多个领域。其坚硬、稳定和耐久的特性，使其成为各类工程的理想材料，为工程结构的稳定性和持久性提供了有力的支撑。

五、岩石保护与加固

岩石保护在土木工程中具有关键性的意义。岩石的抗风化和稳定性能对于工程结构的长期可靠性至关重要。通过采取有效的岩石保护措施，能够延长岩石的使用寿命，维护工程的整体安全和稳定。一方面，在土木工程中，岩石往往面临着自然风化的威胁。风化是指岩石在自然环境中受到气候、温度和湿度等因素的影响而发生的物理、化学和生物变化过程。特别是在高温、多雨或严寒的气候条件下，岩石容易受到裂缝和剥落的影响，降低了其稳定性。为了应对这一问题，采取有效的防风化措施，如表面覆盖防护层、定期检查和修复等，对于维护岩石的完整性和稳定性具有重要作用。水是岩石面临的另一大挑战。水的侵蚀和渗透可能导致岩石的溶解、破裂和变质，对工程结构造成潜在的威胁。在水利工程、海岸工程和隧道工程等项目中，岩石的保护显得尤为关键。采用合适的防水措施，如植物覆盖、防渗涂层和排水系统，有助于减缓水的侵蚀作用，保护岩石的结构完整性。气候变化也对岩石保护提出了新的挑战。全球气温升高、极端天气事件增多，加剧了岩石所面临的自然侵蚀风险。在现代土木工程中，考虑气候变化的影响，采取相应的岩石保护措施显得尤为迫切。这可能包括改进材料选择、加强防护层设计以及建立监测和预警系统等手段，提高岩石在极端气候条件下的适应性和抗风险能力。定期的维护和监测也是岩石保护的重要组成部分。通过定期巡检，及时发现和处理岩石表面的裂缝、变形和风化迹象，可以有效减缓岩石的老化过程，延长其使用寿命。建立完善的岩石监测体系，利用现代科技手段，如遥感技术和传感器监测系统，实时获取岩石的状态信息，有助于及早发现潜在问题，采取及时的修复和保护措施。岩石保护在土木工程中是一个复杂而重要的课题。通过综合考虑岩石所处的自然环境、气候条件以及工程结构的要求，采取科学合理的保护措施，能够有效应对岩石面临的风化、水侵蚀等问题，确保土木工程结构的长期安全和稳定。岩石加固在土木工程中是一项至关重要的工作，其目的是增强岩石的稳定性和承载能力，满足特定工程需求。加固岩石的方法多种多样，包括岩体锚固、喷射混凝土加固、地下注浆等。这些加固措施的选择通常依赖于岩石的特性和工程的具体要求。岩体锚固是一种常见的岩石加固手段，通过在岩石内部设置锚杆或锚索，提高岩体的整体稳定性。这种方法对于解决岩体裂缝、位移等问题具有显著的效果，可有效地增加岩石的抗拉强度和抗剪切能力，提高其整体的抗风化性能。喷射混凝土加固是另一种常见的岩石加固方式，通过高压喷射混凝土将岩石表面覆盖一层坚固的混凝土，形成坚实的保护层。这种方法不仅可以填补岩石表面的裂缝，还能够提升岩石的整体强度和硬度，改善岩石的抗压性能，增强其在土木工程中的可靠性。地下注浆是通过向岩石内部注入浆液材料，填充岩石内部的空隙，提高岩石的整体密实性和强度。这种方法适用于处理岩体中的裂缝和空洞，有效地提高岩石的抗剪切能力和抗压强度，增强其在工程中的承载能力。爆破加固也是一种常见的手段，通过控制爆破参数，改善岩石内部的结构，提高其整体的强度和稳定性。这种方法通常适用于需要对岩体进行大规模改造的工程，如挖掘隧道、筑坝等。岩石加固是土木工程中的一项复杂而重要的工作，其目的是确保岩石在工程中具有足够的稳定性和可靠性。各种加固方法的选择应根据具体的岩石特性和工程要求进行科学合理的决策，以确保工程的安全可靠性。

第三节　石材的技术性质

一、石材的物理性质

石材的热膨胀系数是描述其在受热作用下变形程度的重要参数，通常用来衡量石材在温度变化时的体积膨胀或收缩程度。石材的热膨胀系数对于土木工程设计和施工至关重要，因为它直接影响着石材在不同温度条件下的稳定性和结构性能。在土木工程中，常见的石材包括大理石、花岗岩、石灰岩等。这些石材的热膨胀系数因其矿物成分和结构而异。一般而言，含有石英等矿物的石材通常具有较低的热膨胀系数，而含有云母等矿物的石材则较高。了解不同石材的热膨胀系数，有助于工程师在设计和施工中选择适当的材料，以确保工程的长期稳定性。石材的热膨胀系数直接影响着其在温度变化下的体积变化情况。在高温条件下，石材可能会发生膨胀，而在低温条件下则可能发生收缩。这种变化可能导致石材内部产生应力和位移，影响其整体结构的稳定性。在土木工程中，了解石材的热膨胀系数对于避免温度引起的结构问题至关重要。在实际工程中，石材的热膨胀系数往往需要考虑在不同方向上的差异。石材的晶体结构和纹理，决定了其在不同方向上的热膨胀系数可能存在差异。工程师需要综合考虑这些因素，以确保在工程中选择和使用石材时，能够充分考虑到温度变化对结构的潜在影响。石材的热膨胀系数是土木工程中一个至关重要的材料特性。通过充分了解石材的热膨胀系数，工程师能够更好地选择和应用这些材料，确保工程在不同温度条件下具有稳定的结构性能。这对于提高工程的可靠性和耐久性具有重要的意义。

二、石材的力学性质

石材作为土木工程中一种重要的建筑材料，其力学性质对于结构的稳定性和耐久性起着至关重要的作用。石材的抗压强度是评估其承载能力的关键指标之一。其高抗压强度使得石材在受力时能够有效地抵抗外部压力，为结构提供了可靠的支撑。石材的抗拉强度也是决定其抗拉性能的重要因素。在一些特定的结构中，如横梁和拱形结构中，石材需要具备较高的抗拉强度，确保结构的整体稳定性。石材在这方面的表现直接关系到结构在受拉力作用下的安全性和可靠性。石材的抗剪强度也是衡量其耐久性的关键因素之一。在实际工程中，由于结构受到各种复杂的力学作用，石材常常需要承受剪切力。石材的抗剪强度不仅与结构的整体稳定性相关，同时也直接关系到结构的使用寿命和安全性。石材的弹性模量是另一个重要的力学性质，它反映了石材在受力时的变形能力。高弹性模量意味着石材在受到外部荷载时能够更好地保持其形状，减小变形和破坏的风险。这对于需要保持结构形状稳定性的工程项目尤为重要。石材的力学性质是影响土木工程结构稳定性和耐久性的关键因素。通过深入研究石材的抗压强度、抗拉强度、抗剪强度以及弹性模量等性质，可以更好地指导工程设计和实施，确保结构在各种力学作用下能够稳定、安全、持久。

三、石材的化学性质

石材的化学性质对其在建筑中的性能和持久性有着重要影响。石材的主要成分是矿物质，其中包括硅酸盐、碳酸盐等。这些成分赋予石材强大的力学性能和抗压强度。石材的化学成分还与其耐候性密切相关，特定的矿物组成可能使石材更耐腐蚀、抗风化。石材的化学性质在一定程度上决定了其对外界环境的适应性，如对酸雨的抵抗能力。石材的微观结构也是其化学性质的重要方面。石材中的微晶结构以及晶体之间的结合方式影响着其整体性能。例如，晶体的排列方式直接关系到石材的硬度和弹性模量。石材的微观结构不仅关乎其力学性能，还与其导热性和导电性等热学性质密切相关。这对于石材在高温环境下的表现以及在火灾等紧急情况下的安全性具有重要影响。石材的化学性质还表现在其与水分的相互作用上。一些石材在潮湿环境中可能发生吸水膨胀，而这种性质与其含水率和孔隙结构有关。石材中的孔隙结构直接影响了其吸水性和渗透性，影响了其在不同环境中的使用寿命。水分的渗透也可能引起石材中的化学反应，导致其发生溶解、风化等变化。石材的化学性质还受到其成因和形成过程的影响。不同成因的石材具有不同的矿物组成和结构特征，这直接决定了其化学性质的差异。例如，火成岩和沉积岩的石材在化学成分上存在显著差异，这影响了它们的抗压强度、耐侵蚀性等性能。石材的化学性质是一个复杂而多层次的问题，涉及其成分、微观结构、与环境的相互作用等多个方面。只有全面了解石材的化学性质，才能更好地将其应用于土木工程中，确保建筑物的稳固性和持久性。

四、石材的结构性质

石材作为土木工程中重要的建筑材料之一，其结构性质对于工程结构的设计和建设具有关键的影响。石材的晶体结构直接决定了其物理和力学性能。晶体结构的稳定性为石材提供了抗压、抗拉、抗剪等方面的卓越性能，使其成为理想的建筑材料之一。石材的晶体结构通常由各种矿物组成，这些矿物以有序的方式排列，形成了坚固的晶体结构。这种结构赋予了石材在受力时卓越的稳定性和耐久性。晶体结构中的键合方式直接关系到石材的强度和硬度，是评估石材在土木工程中可行性的重要因素。石材中常见的晶体结构包括立方晶体、六方晶体等。这些不同的结构类型决定了石材在力学应力下的响应方式。例如，立方晶体结构的石材通常具有均匀的强度分布，使其在受到外力时能够更加均匀地承受压力，提高了整体结构的稳定性。石材的孔隙结构也是其结构性质中的重要组成部分。孔隙结构直接影响石材的密度和吸水性能。精密的孔隙结构有助于减轻石材的重量，同时维持其强度，而较小的孔隙结构有助于提高石材的抗风化性和耐久性，使其更加适用于各种环境条件下的工程应用。石材的结晶大小和晶界的存在也是其结构性质中的关键要素。较大的结晶有时会使石材在受力时出现裂纹，而微小的晶界可以阻碍裂纹的扩展，提高了石材的抗裂性能。研究石材的晶体结构中晶粒的大小和分布，对于评估其在土木工程中的适用性具有重要的指导意义。石材的结构性质对于土木工程结构的设计和使用具有深远的影响。通过深入研究石材的晶体结构、孔隙结构和晶界特征，能够更好地理解其在不同力学环境下的性能表现，为工程实践提供科学依据，确保结构的安全性和持久性。

五、石材的施工与维护

石材在土木工程中的施工与维护是确保建筑物长期稳固运行的重要环节。在施工阶段，必须注意材料的选择和搭配，确保其适应环境和足够的耐久性。施工过程中的技术操作也至关重要，需要精密的工艺和高水平的工匠技能。在建筑物投入使用后，维护工作则需要定期检查和及时处理潜在问题，以防止石材因受力、环境等因素而出现磨损、裂缝等损害。石材的施工始于对材料的认真选择。选用合适的石材种类和规格是确保建筑物性能的基础。施工过程中的搭配和组合也应谨慎进行，以确保结构的均衡和强度。技术操作方面，石材的切割、打磨、拼接等工艺需要高水平的技术支持，以保证建筑物的整体外观和结构完整性。随着时间推移，建筑物的石材表面可能会受到自然风化、污染和磨损的影响。在维护阶段，对这些问题进行及时处理是至关重要的。定期的检查和维护工作可以帮助发现潜在的问题，并及时采取相应的修复措施，以防止石材损害进一步扩大。维护工作还包括对石材进行清洁、防护和防水处理，以延长其使用寿命。施工和维护中都需要考虑环境因素对石材的影响。气候、酸雨、高温等环境条件可能导致石材的变化，因此在施工和维护过程中需考虑这些因素，采取相应的措施以增强石材的抵抗力。石材在土木工程中的施工与维护是一项综合性的工作。施工需要谨慎选择材料和精密工艺，而维护则需要定期检查和及时处理潜在问题，以确保石材建筑物的稳定性和美观性。

第四节 天然石材的破坏及防护

一、石材的自然劣化机制

石材在自然环境中会受到多种因素的影响，导致其自然劣化。主要包括物理、化学和生物作用。气候是影响石材自然劣化的主要因素之一。季节性的温度变化和降水会导致石材表面的膨胀和收缩，加速其磨损和剥落。化学物质的作用也是石材自然劣化的重要原因。空气中的酸雨、酸性土壤和工业废气中的化学物质会与石材表面发生反应，引起其化学变化。这些化学反应可能导致石材表面的溶解和侵蚀，使其失去原有的坚固性能。生物作用也会对石材造成影响。例如，微生物、藻类和真菌等生物会附着在石材表面，通过生长和分解代谢产物，引起石材表面的腐蚀和磨损。这些生物作用加速了石材的自然老化过程。石材的孔隙结构也是其自然劣化的重要因素之一。孔隙结构容易积聚水分，导致石材内部发生冻融循环，加速石材的裂纹和剥落。孔隙结构还为微生物和化学物质的侵入提供了通道，使得石材更容易受到外界环境的侵蚀。石材的晶体结构也对其自然劣化起到了决定性的作用。晶体结构的稳定性直接关系到石材的力学性能，而结构的不均匀性和缺陷会加速石材的老化和劣化过程。石材在自然环境中受到的物理、化学和生物作用是自然劣化的核心原因。深入理解这些劣化机制，有助于采取有效的防护和保养措施，延缓石材的老化过程，提高其在土木工程中的可持续性和耐久性。

二、化学性质对石材的影响

石材的化学性质对其在不同环境和应用条件下的表现有着深远的影响。石材的主要成分包括硅酸盐、碳酸盐等，直接决定了石材的抗压强度和耐久性。石材的微观结构和晶体排列方式也对其力学性能产生显著影响，从而影响了石材的整体强度和耐磨性。石材的化学成分也直接关系到其在不同环境中的稳定性。例如，含有大量碳酸盐的石材在酸性环境中可能发生溶解反应，导致石材表面的磨损和侵蚀。硫酸盐和氯化物等化学物质的存在可能引发石材的腐蚀，进而影响其结构完整性和强度。石材的微观孔隙结构也对其在潮湿环境中的表现产生重要影响。微小的孔隙可能导致石材对水分的吸收，引起体积膨胀和收缩，从而导致表面裂缝和变形。水分的存在还可能促使石材发生溶解反应，影响其结构稳定性。在高温环境下，石材的导热性和导电性成为重要考量。不同石材的热传导率和电导率差异巨大，这影响了其在火灾等紧急情况下的表现。高导热性和导电性的石材可能使火灾蔓延更为迅速，因此选用需谨慎考虑。石材的化学性质还与其颜色和质地有关。特定的矿物组成决定了石材的颜色，而质地则与其微观结构和成因密切相关。这不仅影响了石材的外观美感，还可能在一定程度上反映其力学性能和抗风化能力。石材的化学性质使其在土木工程的应用中起着至关重要的作用。通过深入理解石材的成分、结构和相互作用，可以更好地选择合适的材料，并在施工和维护过程中采取有效的措施，以确保建筑物的长期稳定性和性能表现。

三、生物性侵害

微生物、真菌和藻类等生物会附着在石材表面，通过它们的生长和代谢活动，对石材造成一系列的损害。生物性侵害的一个显著迹象是石材表面的藻类和真菌的生长。这些生物附着在石材表面，通过分泌的酸性物质和代谢产物引发了石材的腐蚀和溶解。藻类的生长还会形成一层黏滑的表面，加速了石材的磨损和老化。除了外表的影响，微生物的侵害也深入石材的内部。微生物通过渗透石材表面，侵入其孔隙结构，利用其中的水分和有机物质进行生长。这种侵害导致了石材内部的湿度增加，触发了冻融循环，从而加速了石材的裂纹和剥落。生物性侵害还会导致石材表面的颜色变化。藻类和真菌的生长产生了色素和有机化合物，使石材表面出现暗淡、斑驳的色彩。这不仅降低了美观度，也是其受到生物性侵害的明显标志。微生物代谢过程中产生的酸性物质是石材生物性侵害的主要原因之一。这些酸性物质侵蚀了石材表面的矿物质，导致其结构发生改变，石材变得更加脆弱和易损。石材在土木工程中面临的生物性侵害是多方面的。微生物的生长和代谢活动直接导致了石材的表面和内部结构的损害，加速了其老化过程。对于石材的保护和防治措施显得尤为迫切，以延长石材在土木工程中的使用寿命和维持其良好的外观。

四、结构性问题和荷载引起的破坏

石材在土木工程中被广泛应用，其结构性问题和荷载引起的破坏是在实际工程中需要深入了解和处理的重要问题。这些问题直接关系到工程的稳定性、耐久性以及整体安全性。石材的结构性问题主要表现在其天然缺陷和裂隙。石材中可能存在天然裂隙、矿物成分不均匀以及隐蔽的结构缺陷。这些缺陷对于石材的力学性能和耐久性产生重要影响。在荷载作用下，这些天然缺陷可能会导致石材的疲劳、断裂或破碎，从而降低其结构的稳定性。荷载引起的破坏是石材工程中常见的问题之一。不同类型的石材对荷载的承受能力存在差异，而荷载主要包括静载和动载。静载是指静止状态下施加在石材上的荷载，如自身重力、建筑物的静载等。动载则是指来自外部振动、风力、地震等引起的荷载。可能导致石材内部应力的积累，从而引起裂隙的扩展和破坏。湿热环境条件也是引起石材结构性问题的重要因素之一。湿热环境容易导致石材的膨胀和收缩，内部产生应力。尤其是在极端温度条件下，石材的结构性能可能发生变化，导致其被破坏。针对石材结构性问题和荷载引起的破坏，工程实践中采取了一系列的应对措施。通过充分了解石材的物理性质和力学性质，选择合适的石材类型和质量，以提高其承载能力。采用适当的结构设计和支撑系统，减轻荷载对石材的影响。通过合理的防护措施，减少湿热环境对石材的侵蚀和损害。石材结构性问题和荷载引起的破坏是土木工程中需要认真研究和解决的问题。通过深入了解石材的内在特性、采用合适的工程设计和施工方法，以及加强对石材结构的监测和维护，可以有效提高石材结构的耐久性和稳定性，确保工程的长期安全运行。

五、石材的保护和修复

石材作为土木工程中不可或缺的建筑材料，承载着历史的沉淀与文化的传承。由于自然风化、环境污染以及人为破坏等原因，石材表面往往会遭受各种侵蚀，亟须保护和修复。在这个过程中，我们需要综合考虑材料特性、环境因素以及施工技术，以确保石材的长期稳定性和美观性。了解石材的物理和化学特性对其保护至关重要。石材的孔隙结构和吸水性直接影响其抗风化能力。对于不同种类的石材，我们需要采用针对性的保护措施。深入了解环境因素，如气候、大气污染和土壤成分等，有助于预测石材可能受到的侵蚀程度，为保护工作提供科学依据。选择合适的保护材料和技术对于石材的保护至关重要。常见的保护材料包括抗渗透剂、表面涂层和抗污染剂等。这些材料不仅能够有效地减缓石材表面的老化过程，还能提高其抗风化和抗污染能力。在应用保护材料时，施工技术的熟练程度直接关系到保护效果。精湛的施工技术能够确保保护材料均匀附着在石材表面，形成有效的保护层。石材的定期检测和维护也是保护工作中不可忽视的环节。通过定期检测，可以及时发现石材表面的问题，如裂缝、脱落等，并采取相应的修复措施。修复工作包括填缝、研磨、打磨等多种手段，需要根据具体情况选择合适的方法。通过定期的维护，可以延长石材的使用寿命，保持其原有的美观和功能。石材的保护和修复工作是一项综合性的任务，需要综合考虑材料特性、环境因素、保护材料和技术以及定期维护等多个方面的因素。只有通过系统的分析和科学的实践，才能确保石材发挥其最大的作用，延长其使用寿命，为后代留下具有历史价值和文化传承的建筑。

第四章　胶凝材料

第一节　水泥技术性质测（判）定与应用

一、水泥基本性质

水泥是一种常用于建筑和土木工程的建筑材料，其基本性质对于工程的质量和稳定性至关重要。水泥主要包括硅酸盐水泥、铝酸盐水泥和特殊水泥等，不同种类的水泥具有各自独特的性质和应用特点。水泥的主要成分是熟料和矿渣。熟料是水泥的基本原料，由石灰石、黏土等高温煅烧而成。熟料中的氧化钙、氧化硅等成分决定了水泥的基本性质。而矿渣是一种水泥辅助材料，由冶金工业废渣经过磨碎和混合而成，可以提高水泥的耐磨性和抗硫酸盐侵蚀性。水泥的物理性质包括外观、颗粒度、比表面积等。水泥呈灰白色或灰绿色，具有细粉末状。颗粒度和比表面积影响了水泥的透水性、抗渗性和硬化性。水泥的颗粒越细，比表面积越大，水泥的活性和强度相对较高。水泥的化学性质主要表现在水化反应的过程。水泥与水反应生成水化产物，其中硅酸钙水化产物主要贡献了水泥的强度。硅酸盐水泥的水化过程相对较慢，需要一定的时间来形成稳定的水化产物，而铝酸盐水泥的水化反应则较为迅速。水泥的强度是衡量其力学性能的一个重要指标。水泥的抗压强度、抗折强度和抗拉强度等，直接影响了工程材料的承载能力和耐久性。强度的提高可以通过调整水泥的成分比例、熟料的矿化程度以及混凝土的配比等途径实现。水泥的耐久性是另一个关键性质，主要表现在其抗硫酸盐侵蚀性、抗氯离子侵蚀性等方面。这些性质直接关系到水泥在不同环境条件下的稳定性和寿命。对于海洋工程、盐碱地区等特殊环境，水泥的耐久性是确保工程长期安全使用的关键因素。水泥的基本性质涵盖了其成分、物理性质、化学性质、强度和耐久性等多个方面。了解和掌握水泥的基本性质，有助于科学合理地选择和应用水泥材料，确保工程结构的质量和可靠性。在土木工程中，水泥的基本性质是设计、施工和维护工程的基础，为工程的可持续发展提供了重要保障。

二、水泥性能测试

水泥是土木工程中广泛使用的建筑材料之一，其性能测试是确保工程质量和可靠性的关键环节。水泥性能直接影响混凝土的强度和耐久性，因此需要通过一系列的测试手段来全面评估质量。水泥的物理性能测试是保障工程质量的基础。物理性能测试包括水泥的比表面积、密度、颗粒分布等指标。这些测试结果能够为后续混凝土的设计和施工提供准确的数据支持，确保混凝土在各种外界环境下能够表现出稳定的力学性能。水泥的化学性能测试对于工程耐久性的评估至关重要。化学性能测试主要包括水泥的化学成分、硬化时间、矿物掺合料含量等方面。这些测试结果直接关系到水泥在不同环境中的抗腐蚀能力和稳定性，为工程设计提供重要的技术依据。水泥的力学性能测试是保证结构强度的重要手段。力学性能测试主要包括水泥的抗压强度、抗折强度等指标。这些测试结果对于工程的结构设计和施工工艺的确定起到至关重要的作用，确保工程在使用过程中能够承受各种荷载和外界环境的影响。水泥的耐久性测试也是评估其性能的重要方面。耐久性测试主要包括水泥的抗硫酸盐侵蚀、抗氯离子侵蚀等指标。这些测试结果能够直观地反映水泥在不同环境下的耐久性能，为工程的耐久性设计提供科学依据。水泥性能测试是确保土木工程质量不可或缺的步骤。通过全面而系统的测试手段，我们能够充分了解水泥在物理、化学、力学和耐久性等方面的性能表现，为工程的设计、施工和维护提供科学依据，确保工程的长期稳定性和可靠性。

三、水泥的应用技术

水泥作为一种重要的建筑材料，在土木工程中有着广泛的应用。其应用技术主要包括混凝土的制备、硬化和强度控制，以及在工程中的具体应用。混凝土是水泥最主要的应用之一，通过混合水泥、骨料、砂和水等原材料，形成一种坚固的建筑材料。在混凝土制备过程中，水泥起到了胶凝剂的作用，通过与水发生水化反应，形成水泥胶凝体，将骨料和砂粒紧密结合在一起。这种混凝土材料具有优异的抗压强度和耐久性，广泛应用于建筑结构、桥梁、道路等工程中。水泥的硬化过程是混凝土工程中的关键环节。硬化是指混凝土在成型后，在水泥水化反应的作用下逐渐形成坚硬和强度逐步增加的材料过程。硬化的速度和质量直接关系到混凝土的使用性能和强度。通过调整水泥的种类、熟料的配比以及混凝土的养护条件等，可以有效控制硬化过程，确保混凝土达到设计强度要求。强度控制是水泥在土木工程中的另一个重要应用技术。通过调整水泥的配方和混凝土的配比，可以实现对混凝土的抗压强度、抗折强度和抗拉强度等方面的控制。强度控制对于不同类型的工程具有重要的意义，例如在大坝、高楼大厦等承受重载的工程中，需要具备较高的抗压强度；而在桥梁、隧道等受力方式复杂的工程中，需要兼顾抗拉和抗折强度。水泥的应用技术还涉及各类工程中的具体应用。在建筑工程中，水泥被用于制备混凝土墙体、地板、梁柱等结构构件。在交通工程中，水泥被广泛应用于路面、桥梁等基础设施的建设。水泥还用于海洋工程、水利工程、隧道工程等领域。水泥在土木工程中的应用技术是多方面而深入的。通过精心设计混凝土的配方、合理控制硬化过程和强度，以及在各类工程中的具体应用，水泥在建筑领域发挥了不可替代的作用。深入了解水泥的应用技术，有助于提高工程质量、保障工程安全，并推动土木工程领域的不断创新和发展。

四、水泥混凝土工程应用

水泥混凝土在土木工程中的应用广泛并重要。其优越的力学性能、耐久性以及施工灵活性使其成为首选建筑材料。混凝土工程应用的广泛性体现在基础建设、房屋建筑和交通运输等多个领域。基础建设方面，水泥混凝土被广泛用于基础结构的建设，如桥梁、隧道、堤坝等。混凝土的高强度和抗压性能使得这些基础结构能够承受巨大的荷载，并保持稳定性。混凝土的耐久性也确保这些结构在各种环境条件下都能够保持长期的使用寿命。在房屋建筑领域，水泥混凝土是主要的结构材料之一。混凝土可以通过模板灌浆的方式灵活施工，适应各种建筑形状和设计要求。其耐火性和隔热性也使得混凝土成为抗火建筑的理想选择。而混凝土的表面性能可以通过抛光、涂装等方式进行装饰，使建筑外观更为美观。交通运输方面，水泥混凝土在道路、机场、港口等交通基础设施中得到广泛应用。混凝土路面具有较好的耐磨性和抗压性，能够承受车辆的频繁行驶而不易产生损坏。混凝土的硬化时间相对较短，有助于提高工程进度，保证交通基础设施的及时投入使用。水泥混凝土在土木工程中的应用不仅涵盖了基础建设、房屋建筑和交通运输等多个领域，而且通过其优越的力学性能和灵活性，为各类工程提供了可靠的结构支撑。混凝土的广泛应用不仅推动了建筑工程的发展，也为社会经济的快速发展提供了坚实的基础。

五、水泥技术性质的判定与质量控制

水泥作为土木工程中不可或缺的建筑材料，其技术性质的判定和质量控制是确保工程质量和安全的重要环节。主要涉及水泥的物理性质、化学性质、强度特性以及生产过程的监测。物理性质方面，水泥的外观、颗粒度和比表面积是判定其品质的重要指标。通过观察水泥的颜色、细度以及颗粒的大小和分布情况，可以初步判断水泥的质量。比表面积则反映了水泥颗粒的活性和适用性，对于水泥的强度和硬化过程具有重要影响。化学性质是水泥品质评价的另一方面。水泥中主要的化学成分包括氧化钙、氧化硅、氧化铝和氧化铁等，这些成分对水泥的水化反应和硬化过程具有决定性的影响。通过检测水泥的化学成分，可以控制水泥的活性和强度。强度特性是衡量水泥质量的重要指标之一。水泥的抗压强度、抗拉强度和抗折强度等直接关系到混凝土结构的承载能力和耐久性。通过在实验室进行强度测试，可以准确评估水泥的强度特性，从而确保其在实际工程中的可靠性。水泥的生产过程监测也是保障其品质的重要手段。生产过程中的熟料矿化、煅烧温度、冷却速度等工艺参数直接影响水泥的成分和性能。通过实时监测和控制关键参数，可以确保水泥的一致性和稳定性。质量控制方面，不仅仅包括对成品水泥的检测，还需要对原材料的质量进行严格控制。水泥的原材料主要包括石灰石、黏土、铁矿石等，原材料的质量直接影响到水泥的最终品质。在水泥生产过程中，对原材料的选择、储存和配比等方面进行科学合理的质量控制是至关重要的。水泥技术性质的判定和质量控制是土木工程中非常重要的一环。通过对水泥物理性质、化学性质、强度特性以及生产过程的监测和控制，可以确保水泥在工程中发挥其最佳的性能，从而保障工程的质量和安全。水泥的品质控制是土木工程领域的基础工作，对于工程结构的长期稳定性和耐久性有着直接而深远的影响。

第二节　水泥的应用

一、水泥在混凝土工程中的应用

水泥在混凝土工程中扮演着至关重要的角色，其应用涉及混凝土的制备、硬化和最终工程结构的性能。混凝土是由水泥、骨料、砂和水等原材料混合而成的坚固建筑材料，广泛用于各类土木工程，包括建筑、桥梁、道路、隧道等。水泥在混凝土工程中的应用主要体现在混凝土的制备阶段。混凝土的基本配方中，水泥作为胶凝材料，通过与水发生水化反应，形成水泥胶凝体，将骨料和砂粒紧密结合在一起。不同类型的水泥和不同的水泥掺合材料可根据工程的需要进行合理选择，以达到最佳的混凝土性能。水泥参与混凝土的硬化过程。通过控制水泥的配方、熟料的矿化程度以及混凝土的养护条件等方面，可以有效控制硬化过程，确保混凝土达到设计强度要求。在混凝土工程中，水泥的强度表现为混凝土的抗压强度、抗拉强度和抗折强度等。这些强度指标直接关系到混凝土结构的承载能力和耐久性。强度的提高可以通过调整水泥的成分比例、熟料的矿化程度以及混凝土的配比等途径实现。合理的强度设计和控制对于不同类型的工程具有重要意义。水泥在混凝土工程中还具有一些其他重要作用。例如，水泥的水化反应产生的胶凝体填充混凝土中的空隙，提高混凝土的密实性和耐久性。水泥的活性对混凝土的早期强度和硬度有着直接的影响。通过选择适当的水泥类型和配合比，可以调控混凝土的流动性，使其适应不同的施工需求。水泥在混凝土工程中的应用涉及混凝土的制备、硬化和最终工程结构的性能。水泥通过与其他原材料的协同作用，使混凝土成为一种强度高、耐久性好的建筑材料，被广泛应用于各类土木工程中。深入了解水泥在混凝土工程中的作用和应用原理，对于确保工程质量和结构稳定性具有重要的指导意义。

二、水泥在土壤改良与地基工程中的应用

水泥在土壤改良与地基工程中的应用具有重要意义。通过与土壤混合，水泥能够改良土壤的力学性质，提升其承载能力和稳定性。这种土壤改良技术被广泛应用于各类工程中，如道路、桥梁、建筑等，为工程的长期稳定性和可靠性提供了有效保障。水泥与土壤的混合能够形成水泥土，改良土壤的强度和稳定性。水泥土在固结和拌和过程中，水泥颗粒能够填充土壤中的空隙，提高土壤的密实度，从而增强土壤的整体承载能力。水泥与土壤中的细粒颗粒发生化学反应，形成胶结体，进一步提高了土壤的强度和抗剪性能。水泥土在地基工程中被广泛用于软土地区的处理。软土地区的土壤通常具有较差的承载能力和稳定性，通过添加水泥，能够有效地增加土壤的抗压强度和抗剪强度，提高地基的整体稳定性。这种技术在城市建设和基础设施建设中发挥着关键作用，保障了建筑物和交通设施的长期使用。水泥土还常用于路基工程中。通过混合水泥与路基土，能够提高路基的强稳定性，减小路基变形，增加路面的承载能力。这对于道路工程来说，不仅提高了道路的耐久性，还有助于减少维护成本，延长道路的使用寿命。水泥在土壤改良与地基工程中的应用为工程的稳定性和可靠性提供了关键支持。通过混合水泥与土壤，改良土壤的物理和力学性质，使其更适合于各类工程的建设。这种技术的广泛应用不仅提高了工程的整体质量，也为土木工程领域的发展贡献了重要力量。

三、水泥在桥梁与隧道工程中的应用

桥梁与隧道工程作为土木工程中的两个重要领域，水泥在其中的应用具有关键性的作用。水泥作为混凝土的主要组成部分，通过混凝土的制备、硬化和最终工程结构的性能，为桥梁与隧道工程提供了坚固、耐久的基础。桥梁工程中水泥的应用主要体现在桥梁的基础和支撑结构上。混凝土桥墩、桥台和桥面板等构件中，水泥起到了胶凝剂的作用，使骨料和砂等原材料形成坚固的整体。水泥的强度特性直接影响桥梁结构的承载能力，硬化过程也决定了桥梁结构的稳定性。通过科学合理的水泥配比和混凝土施工工艺，确保桥梁结构在不同荷载和环境条件下能够稳定运行。隧道工程中水泥的应用主要涉及隧道的内部结构和衬砌。隧道的内衬结构通常采用混凝土材料，水泥起到了黏结骨料的作用，形成坚固的内壁。水泥的抗渗性和耐久性对于隧道结构的长期稳定性至关重要，特别是在高湿度、高压力等复杂环境下，水泥的质量直接关系到隧道的使用寿命和安全性。水泥在桥梁与隧道工程中的应用还涉及连接部件的制备，如桥梁的伸缩缝和隧道的连接口。水泥通过其黏结性和可塑性，使它们能够适应结构的变形和变化，从而保证整

体结构的稳定性。对于桥梁的伸缩缝而言，水泥的耐久性和抗风化特性对于其在不同气候条件下的可靠性起到决定性的作用。水泥在桥梁与隧道工程中的应用是多方面而深入的。通过对水泥的合理选择、混凝土的科学配比以及施工工艺的严格控制，可以确保桥梁和隧道结构在不同环境和荷载条件下表现出优异的性能。了解水泥在桥梁与隧道工程中的具体应用原理，有助于提高工程结构的质量、稳定性和耐久性，为交通基础设施的安全运行提供坚实保障。

四、水泥在水泥砂浆中的应用

水泥在水泥砂浆中的应用在建筑领域具有深远的影响。水泥砂浆是一种由水泥、砂和水按照一定比例混合而成的建筑材料，被广泛应用于砌体砌筑、抹灰、瓦贴等施工工艺中。水泥的应用使得水泥砂浆具有了优越的力学性能、黏结性和耐久性，确保了建筑结构的牢固稳定，为建筑工程的安全和可靠提供了坚实的基础。水泥作为水泥砂浆的主要成分之一，通过水和砂的混合反应，形成均匀的浆体。它在硬化过程中发生水化反应，使得水泥砂浆逐渐变得坚硬。水泥的颗粒在砂的填充中起到了胶结的作用，形成了坚实而稳定的结构，为砂浆的整体性能提供了可靠的基础。水泥砂浆在建筑中的应用主要体现在砌体砌筑方面。通过水泥砂浆将砌体黏结在一起，形成整体的墙体结构。水泥的黏结性使得砌体之间的连接更为紧密，提高了墙体的整体强度和稳定性。这种黏结作用不仅在常温下表现优异，在高温环境中同样保持了稳定性，使得水泥砂浆适用于各种气候条件下的建筑。除了砌体砌筑，水泥砂浆还广泛应用于抹灰工程。通过在建筑表面涂抹水泥砂浆，可以修饰墙面、地面等表面，提高建筑的整体美观度。水泥的耐久性使得抹灰层具有较好的抗风化和抗老化能力，确保建筑外观长时间保持良好的状态。水泥砂浆在瓦贴工程中也发挥了重要作用。通过水泥砂浆将瓦片粘贴在墙面或地面，形成美观、坚固的装饰层。水泥的黏结性使得瓦片能够紧密贴合，不易脱落，保障了建筑的装饰效果和使用寿命。水泥在水泥砂浆中的应用对于建筑工程的结构强度、稳定性和美观度起到了至关重要的作用。通过水泥的黏附和硬化特性，水泥砂浆成为建筑领域中一种不可或缺的建筑材料，为建筑提供了牢固的基础和坚实的保障。

五、水泥与环境工程

水泥在环境工程领域扮演着重要的角色，不仅涉及环境保护工程的建设，还与废弃物处理、土壤固化、水资源管理等方面密切相关。在环境保护工程中，水泥常常用于废水处理厂和污水处理设施的建设。使用水泥混凝土构建沉淀池、曝气池等设施，可以有效地将废水中的污染物沉淀、分离，并在水泥的胶凝作用下形成坚固的结构，确保设施的稳定性和长期使用寿命。水泥在固体废弃物处理方面发挥着重要作用。例如，水泥可以用于垃圾填埋场的基础建设，通过构建坚固的底部和侧壁，防止废弃物渗漏污染土壤和地下水。水泥还可以与废弃物混合，形成固化体，降低废弃物对环境的危害。水泥的应用还涉及土壤固化工程，特别是在建筑拆除和污染土地修复中。通常在受污染的土壤中添加水泥，形成固化体，可以减缓有害物质的渗透，改善土壤的物理和化学性质，提高土壤的稳定性和承载能力。水泥在水资源管理方面也发挥着积极的作用。例如，水泥沉淀池可以被用于河流治理和水库建设，通过调整水流速度，沉淀悬浮物，改善水质。水泥的防水性质也使其成为河道堤坝、水库大坝等水利工程中的常用材料，以确保水资源的有效储存和管理。水泥在环境工程中的应用涉及多个方面，包括废水处理、固体废弃物处理、土壤修复和水资源管理等。水泥通过其优异的胶凝和硬化性能，为环境工程的建设提供了坚实的基础。深入了解水泥在环境工程中的应用原理，有助于科学合理地设计和实施环保工程，最大限度地降低对环境的负面影响，确保工程的长期稳定和环境友好。

第五章 混凝土

第一节 混凝土组成材料技术性质测（判）定与应用

一、水泥材料性质测定

水泥材料性质的测定在土木工程中具有重要的意义，涉及确保混凝土的质量和工程结构的稳定性。测定水泥材料性质的过程包括物理性质、化学性质和力学性质等多个方面。物理性质的测定是水泥材料性质评价的重要方面之一。物理性质主要包括水泥的颜色、颗粒大小和比表面积等。通过目视观察水泥的颜色可以初步判断其成分和质量。颗粒大小和比表面积则与水泥的硬化过程和强度发展密切相关，测定有助于了解水泥的活性和适用性。化学性质的测定是对水泥质量的重要检测手段之一。水泥中主要包含氧化钙、氧化硅、氧化铝和氧化铁等化学成分。通过对水泥样品进行化学分析，可以准确测定其成分比例，从而判断水泥的质量和适用性。水泥中一些有害成分的测定，如硫酸盐含量，也是确保混凝土长期耐久性的重要步骤。强度特性的测定是水泥性能评价中的核心内容之一。水泥的抗压强度、抗拉强度和抗折强度等指标是衡量混凝土结构承载能力和耐久性的重要参数。通过实验室试验，可以测定不同龄期水泥样品的强度发展情况，以及在不同配比下水泥的强度表现，为工程设计和施工提供科学依据。水泥材料性质的测定还包括其他一些重要的性质，如水泥的热性质、耐久性和微观结构等。热性质的测定包括水泥的膨胀性、导热性等，这对于一些高温或低温环境下的工程应用具有重要意义。耐久性的测定涉及水泥在不同环境条件下的长期稳定性和抗侵蚀性能。微观结构的测定通过显微镜和 X 射线衍射等方法，揭示水泥中胶凝体和骨料的相互作用，为深入了解水泥性质提供有效手段。水泥材料性质的测定是确保混凝土质量和土木工程结构稳定性的重要环节。通过全面了解水泥的物理性质、化学性质和力学性质等方面的性能，可以更好地指导工程设计和施工，保障工程结构的可靠性和耐久性。

二、骨料性质测定

骨料是土木工程中混凝土的主要组成部分之一，性质的测定对于混凝土的力学性能和耐久性有着重要的影响。骨料的性质包括颗粒形状、大小分布、强度等方面，这些性质直接影响着混凝土的整体质量和性能。骨料的颗粒形状是一个重要的性质。颗粒形状的不同会影响混凝土的流动性和坍落度，直接关系到混凝土的工作性能。合适的颗粒形状有助于形成均匀的混凝土结构，提高混凝土的抗压强度和耐久性。而不规则或尖锐的颗粒形状可能导致混凝土中存在空隙，影响其力学性能。骨料的大小分布也是混凝土性能的重要因素。骨料的大小直接关系到混凝土的骨料水比，从而影响到混凝土的强度和工作性能。合理选择骨料的大小分布范围，可以使混凝土更加紧密，提高抗压强度。过大或过小的颗粒可能导致混凝土的缺陷，减弱其力学性能。骨料的强度也是一个决定混凝土性能的重要性质。骨料的强度直接关系到混凝土的抗拉和抗压性能。强度较低的骨料可能在受力时发生破碎，导致混凝土的裂缝和变形。在骨料的选择和使用中，需要考虑其强度特性，以确保混凝土结构的整体稳定性。骨料的吸水性和含泥量也是影响混凝土性能的重要因素。过高的吸水性会导致混凝土中水灰比的变化，进而影响混凝土的坍落度和工作性能。过多的含泥量可能导致混凝土中存在较多的细粉末，影响混凝土的流动性和抗压强度。骨料的性质测定对于土木工程中混凝土的设计和施工具有着至关重要的作用。通过准确测定骨料的颗粒形状、大小分布、强度、吸水性和含泥量等性质，可以更好地指导混凝土配合比的设计，确保混凝土结构在使用中具有良好的力学性能和耐久性。骨料的合理选择和性质测定，为土木工程中混凝土结构的安全和可靠提供了有力支持。

三、混凝土掺合料性质测定

混凝土中的掺合料是指在水泥中加入一定比例的辅助材料，用于改善混凝土的性能。掺合料的性质对混凝土的力学性能、耐久性和施工工艺等方面有着深远的影响。混凝土掺合料性质的测定对于土木工程的质量和可靠性至关重要。掺合料的化学成分是影响混凝土性能的主要因素之一。掺合料中的氧化钙、硅酸盐和氧化铝等成分与水泥中的矿物质发生反应，形成胶凝体，从而影响混凝土的强度和硬化时间。掺合料中的有机物质和无机杂质的含量也会对混凝土的抗压强度和耐久性产生影响，因此需要通过严格的化学分析来确定掺合料的成分。掺合料的颗粒形状和粒度分布对混凝土的流动性和坍落度有着直接的影响。合适的颗粒形状和粒度分布有助于提高混凝土的流动性，保证施工过程中混凝土的均匀性。反之，不良的颗粒形状和过大的颗粒尺寸可能导致混凝土内部存在空隙，降低混凝土的密实性和抗渗性。掺合料的强度和稳定性也是影响混凝土性能的关键因素。通过测定掺合料的抗压强度和抗拉强度等力学性能指标，可以评估混凝土的整体强度和稳定性。掺合料的稳定性对于混凝土的耐久性和长期性能至关重要，尤其是在恶劣环境条件下。掺合料的矿物掺合料含量也是影响混凝土性能的因素之一。适量的矿物掺合料可以降低混凝土的温度敏感性，提高混凝土的耐久性。通过合理控制矿物掺合料的含量，可以在不影响混凝土强度的情况下改善性能。混凝土中的掺合料性质测定对土木工程的质量和可靠性有着至关重要的作用。通过深入研究掺合料的化学成分、颗粒形状、粒度分布、强度和稳定性等性质，可以科学合理地选择和应用掺合料，提高混凝土的性能，确保工程的施工质量和长期稳定性。混凝土中的掺合料性质测定是土木工程中不可或缺的重要环节，为工程建设提供了科学的技术支持。

四、混凝土性能测定

混凝土性能的测定对于土木工程至关重要，直接影响到工程结构的安全性、耐久性和整体性能。混凝土性能测定主要涉及物理性能、力学性能、耐久性能等方面，以确保混凝土在各种环境和荷载条件下的稳定性。物理性能的测定是混凝土性能评估的基础。这包括混凝土的密度、吸水性、抗渗性等指标。密度的测定与混凝土的强度和质量直接相关，而吸水性和抗渗性则决定了混凝土在潮湿或水中的稳定性，是确保混凝土结构防水、抗渗的关键因素。力学性能的测定是混凝土性能评估的核心内容。混凝土的抗压强度、抗拉强度、抗折强度等指标是衡量其承载能力和结构稳定性的关键参数。通过实验室试验，可以测定不同龄期混凝土样品的强度发展情况，为工程设计和施工提供科学的依据。耐久性能的测定涉及混凝土在不同环境条件下的长期稳定性和抗侵蚀性能。这包括抗冻融性、抗硫酸盐侵蚀性、抗氯离子渗透性等多个方面。这些性能的测定是为了确保混凝土结构在各种极端气候和环境条件下都能够保持稳定性，延长其使用寿命。混凝土性能的测定还涉及热性能、声学性能等方面。热性能的测定包括导热系数、热膨胀系数等，这对于混凝土在高温或低温环境下的性能具有重要影响。声学性能的测定涉及混凝土的声波传播特性，对于一些特殊场合的应用，如隔声墙的设计，具有重要意义。微观结构的测定通过显微镜和 X 射线衍射等方法，揭示混凝土中水泥胶凝体、骨料、孔隙等的微观结构，从而更深入地理解混凝土的性能和耐久性。混凝土性能的测定是土木工程中非常关键的一环。通过全面了解混凝土的物理性能、力学性能、耐久性能等性能，可以更好地指导工程设计和施工，保障工程结构的可靠性和耐久性。深入研究混凝土性能的测定方法和机理，有助于不断提高混凝土结构的质量和性能，推动土木工程领域的科技发展。

五、混凝土应用技术

混凝土是土木工程中广泛应用的建筑材料之一，其多样化的应用范围贯穿了各类工程项目。在基础建设、房屋建筑、交通运输等领域，混凝土都发挥着独特且重要的作用。基础建设方面，混凝土被广泛用于桥梁、隧道和堤坝等工程的基础结构建设。混凝土的强度和稳定性使其成为这些工程中主要的结构材料。通过混凝土的浇筑和硬化，能够形成坚实的基础，保障基础结构的牢固稳定，以应对各种外界环境和荷载的挑战。在房屋建筑领域，混凝土同样占据着主导地位。混凝土的可塑性和适应性使得其能够适应不同的建筑设计和结构要求。从地基的基础到楼层的梁柱，再到屋顶的构造，混凝土都发挥着不可替代的角色。混凝土的使用不仅能够确保建筑物的结构稳定，还有助于提高建筑物的抗火性能，保障建筑物的整体安全。交通运输领域也是混凝土应用的重要领域之一。在道路建设中，混凝土广泛用于路面和桥梁结构的建设。混凝土路面具有较好的耐磨性和抗压强度，能够承受车辆的频繁行驶而不易产生损坏。在桥梁结构中，混凝土不仅能够提供良好的结构支持，还能够通过不同形式的预制构件实现施工的高效性和质量的可控性。水利工程中，混凝土同样是不可或缺的建筑材料。例如，混凝土用于大坝的建设，通过混凝土的耐水性和强度，能够确保大坝的整体稳定。混凝土也被广泛用于渠道、水塔等结构中，为水资源的储存和分配提供了坚实的支撑。混凝土在不同工程中的应用体现了其多功能性和广泛适应性。从基础建设到房屋建筑再到交通运输和水利工程，混凝土都是土木工程中不可或缺的关键材料。可靠性和稳定性为各类工程提供了坚实的结构基础，为现代社会的发展和进步作出了重要贡献。混凝土施工工艺和质量控制是土木工程中至关重要的环节，直接关系到工程结构的稳定性、耐久性和整体质量。混凝土施工的工艺流程和严格的质量控制措施是确保混凝土工程质量的基础。混凝土施工工艺包括了原材料准备、搅拌、浇筑和养护等多个环节。在原材料准备阶段，水泥、骨料、砂等原材料需要精确配比，以确保混凝土的配合比例满足设计要求。搅拌过程中，需要保证混凝土的均匀性，避免出现团聚和分层现象。浇筑阶段需要注意浇筑高度和速度，防止混凝土在浇注过程中发生分层或气孔。养护阶段是混凝土硬化的关键时期，需要通过湿润养护等方式确保混凝土逐步达到设计强度。混凝土施工质量控制是确保混凝土工程质量的重要保障。质量控制包括了原材料的检测、生产工艺的监控以及成品的检验等多个方面。对原材料进行严格的检测，包括水泥的品种、骨料的质量等，以确保其符合国家标准和设计要求。在生产工艺的监控中，需要对搅拌过程中的水灰比、搅拌时间等参数进行监测，以保证混凝土的均匀性和强度。对成品的检验主要包括对混凝土的强度、密度、抗渗性等指标的检测，以验证其质量是否符合设计要求。混凝土施工工艺中需要关注施工环境的影响，如气温、湿度和风速等因素。这些环境因素会直接影响混凝土的凝固过程，因此需要在施工计划中合理考虑，并采取相应的措施进行调控。混凝土施工工艺和质量控制是确保混凝土工程质量的关键步骤。通过严格遵循设计要求、采取合理的工艺流程、进行全面的质量控制，可以确保混凝土结构在各种环境和荷载条件下表现出卓越的性能和稳定性。深入研究混凝土施工工艺和质量控制的原理和方法，对于提高土木工程结构的质量和耐久性具有重要的指导意义。混凝土材料在特殊环境下的应用和性能要求具有重要意义。特殊环境包括高温、低温、强腐蚀性环境等，这些极端条件对混凝土的性能提出了更高的挑战。在这些特殊环境下，混凝土材料需要满足更为苛刻的要求，以确保工程结构的安全性和耐久性。在高温环境下，混凝土面临着热胀冷缩、劣化和失水等问题。为了应对这些挑战，特殊配方的高温混凝土被广泛应用。这种混凝土通常采用特殊的水泥、骨料和掺合料，以提高其抗高温的能力。在混凝土的施工和养护过程中，需要采取措施，如降低混凝土温度、覆盖湿润保护层等，以减轻高温对混凝土的影响。在低温环境下，混凝土的抗冻性能成为关键。低温会导致混凝土的凝固水结冰，从而引起混凝土的开裂和劣化。为了提高混凝土的抗冻性，通常采用掺入抗冻剂、使用低温混凝土等措施。采用适当的养护措施，如覆盖保温材料、加热设备等，有助于降低混凝土在低温环境中的开裂风险。在强腐蚀性环境中，混凝土常受到化学腐蚀和物理腐蚀的威胁。为了增强混凝土的抗腐蚀性，可采用特殊配方，如使用抗腐蚀型水泥、添加防腐剂和抗腐蚀的骨料等。采取防护措施，如涂覆保护层、加强混凝土表面的防护，是提高混凝土在腐蚀环境中耐久性的有效手段。在海洋环境中，混凝土结构常面临海水腐蚀、潮湿等问题。为了提高混凝土在海洋环境中的耐久性，通常采用海水混凝土、耐海水混凝土等。它们通常采用特殊配方和抗海水腐蚀的材料，以适应潮湿、含盐等海洋环境的要求。在特殊环境下的混凝土材料应用和性能要求是土木工程中不可忽视的问题。通过调整混凝土的配方、使用特殊的材料和采取合适的防护措施，可以提高混凝土在极端条件下的适应性，确保工程结构的稳定性和耐久性。深入研究和实践这些特殊环境下混凝土工程的技术，对于应对极端环境条件下的土木工程具有积极意义。

第二节　混凝土技术性质测（判）定与应用

一、混凝土基础知识与组成

混凝土是一种常用于土木工程的构造材料，其主要成分包括水泥、骨料、砂、水和外加剂等。混凝土的形成基于水泥与水的化学反应，通过逐步硬化，形成坚固的结构，具有出色的抗压、抗拉、抗折强度以及耐久性。混凝土是现代建筑工程中不可或缺的重要材料之一。混凝土的定义涵盖了它是一种由水泥、骨料和砂等成分混合而成，通过水的加入，形成坚硬结构的人造建筑材料。混凝土的定义强调了其由多种原材料组成，并通过特定工艺过程实现硬化和固化。混凝土的组成主要包括水泥、骨料、砂、水和外加剂等。水泥是混凝土的主要胶凝材料，通过发生水化反应，形成水泥石胶凝体，使混凝土成型并硬化。骨料包括粗骨料和细骨料，它们在混凝土中起到骨架的作用，增加混凝土的强度。砂是混凝土的细颗粒材料，用于填充骨料之间的空隙，能增加混凝土的均匀性。水是混凝土中的活性物质，既参与水泥的水化反应，又提供混凝土的可塑性和流动性。外加剂是在混凝土中添加的辅助材料，用于改善混凝土的性能，如增强抗裂性、减缓凝结时间等。基本原理上，混凝土的形成是一个复杂的化学和物理过程。水泥与水的反应被称为水化反应，产生的水泥石胶凝体与骨料共同构成混凝土的骨架结构。随着时间的推移，水泥石不断成长、凝固，形成坚硬的混凝土。混凝土的强度和耐久性主要取决于水泥的种类、配合比的合理性、骨料的质量和外加剂的使用。混凝土的使用广泛，涵盖了建筑、桥梁、隧道等多个领域。在土木工程中，混凝土作为主要结构材料之一，承担了建筑物的支撑和荷载传递功能。深入了解混凝土的组成和基本原理，对于合理设计混凝土配合比、提高混凝土工程质量和耐久性，具有重要的理论和实践价值。混凝土是一种复合材料，成分主要包括水泥、骨料、水和掺合料。这些成分的比例和质量贡献直接影响着混凝土的性能和用途。水泥是混凝土的胶凝材料，通过水泥的水化反应，混凝土的硬化过程得以实现。水泥主要分为普通硅酸盐水泥、硅酸盐水泥、蛇纹石水泥等不同类型。不同类型的水泥在水化反应中产生的凝胶结构和强度特性略有不同，从而影响混凝土的最终性能。骨料是混凝土的主要强度成分，分为粗骨料和细骨料两种。粗骨料主要由砂石、骨料等构成，其直接影响混凝土的强度和耐久性。细骨料主要由细砂和粉煤灰等构成，对混凝土的流动性和工作性能有重要影响。不同类型混凝土采用的骨料种类和比例根据工程需要和性能要求的不同而有所调整。水是混凝土的基础成分之一，起到胶凝材料水化和骨料湿润的作用。水的用量和质量直接关系到混凝土的坍落度和流动性。不同类型混凝土需要控制好水的用量，以保证混凝土在浇筑和养护过程中具有合适的工作性能。掺合料是指在水泥中加入一定比例的辅助材料，用于改善混凝土的性能。主要包括矿物掺合料、化学掺合料等。矿物掺合料如粉煤灰、矿渣粉等可以提高混凝土的抗裂性和耐久性。化学掺合料如膨胀剂、减水剂等可改善混凝土的流动性和工作性能。不同类型混凝土的组成成分在施工和应用中根据不同的工程需求进行调整。例如，高强混凝土可能采用更多的硅酸盐水泥和优质的骨料，以提高强度。耐久性混凝土可能加入适量的矿物掺合料，以提高抗腐蚀性。无收缩混凝土可能采用特殊的掺合料和骨料，以减少混凝土的收缩变形。混凝土的成分决定了其力学性能、工作性能和耐久性。通过精心调配水泥、骨料、水和掺合料的比例和质量，可以满足不同工程对混凝土性能的要求，使其在各种应用环境中发挥出最佳的效果。

二、混凝土性质与试验方法

混凝土性质及其试验方法在土木工程中是至关重要的，它关乎到混凝土结构的稳定性、可靠性和耐久性。混凝土性质主要包括物理性质、力学性质、热性质、耐久性等方面，而相应的试验方法是评估这些性质的有效手段。混凝土的物理性质涵盖了密度、吸水性、抗渗性等指标。密度是混凝土的质量与体积的比值，是评估混凝土质量的基本参数。吸水性表示混凝土对水分的吸收能力，直接关系到混凝土在湿润环境下的稳定性。抗渗性则是评价混凝土防水性能的关键指标，通过不同试验方法，如压力浸透试验、负压渗透试验等来测定。力学性质是混凝土性能中最为重要的方面，包括抗压强度、抗拉强度、抗折强度等。抗压强度是衡量混凝土抵抗压力的能力，通过圆柱体压缩试验来测定。抗拉强度和抗折强度则分别反映了混凝土抵抗拉伸和折断的能力，通过拉伸试验和三点弯曲试验等来测定。热性质方面，混凝土的导热系数和热膨胀系数是重要参数。导热系数表征了混凝土传导热量的能力，而热膨胀系数则是混凝土在温度变化时体积膨胀的比率。这些性质的试验方法包括热导率试验和热膨胀试验等。混凝土的耐久性是评估其在不同环境下长期稳定性的重要方面。耐久性试验主要包括抗冻融性、抗硫酸盐侵蚀性、抗氯离子渗透性等。这些试验通过模拟混凝土在极端环境中的受力情况，验证其在实际使用中的耐久性。深入研究混凝土性质及其试验方法，有助于科学合理地设计混凝土配合比，以确保混凝土结构的可靠性和耐久性。

三、混凝土施工工艺

混凝土施工工艺是土木工程中的一项关键任务，它直接关系到混凝土结构的质量和性能。混凝土施工工艺的过程烦琐而精密，需要精心设计和科学管理，以确保混凝土在浇筑、养护和硬化的整个过程中能够获得最佳的性能。混凝土施工的第一步是：原材料的准备，包括水泥、骨料、水和掺合料等。这些原材料的质量和配比直接关系到混凝土的强度、耐久性和其他性能。在准备原材料的过程中，需要确保原材料的质量符合相关标准，以保障混凝土结构的可靠性。第二步是：混凝土的搅拌和浇筑。混凝土的搅拌是将水泥、骨料、水和掺合料充分混合的过程，这个过程需要保证混凝土的均匀性和稳定性。搅拌后的混凝土需要迅速运输至施工现场进行浇筑，以确保混凝土在浇筑过程中不会失去流动性和坍落度。浇筑后，混凝土需要经过养护过程。养护是为了确保混凝土在硬化过程中能够获得足够的强度和耐久性。养护过程中需要注意保持混凝土的湿润，以促进水泥的水化反应。在高温和干燥环境下，需要采取适当的措施，如喷水、覆盖湿润材料等，以防止混凝土失水过快导致裂缝的产生。混凝土施工的关键之一是模板的设计和搭设。模板是混凝土浇筑的模具，其质量和稳定性直接关系到混凝土结构的表面光洁度和尺寸精度。

在模板搭设过程中需要注意确保模板的密封性，以防止混凝土漏浆和表面质量不佳。混凝土施工还需要关注温度和湿度等环境因素。在高温季节，需要采取降温措施，以防止混凝土早期强度下降。在低温季节，需要采取保温措施，以保证混凝土的正常硬化。混凝土施工工艺是一个综合性的过程，需要各个环节的协调和精心安排。通过科学合理的施工工艺，可以确保混凝土结构在使用过程中获得最佳的性能和耐久性，从而满足土木工程对于结构质量的严格要求。

四、混凝土在结构工程中的应用

混凝土在结构工程中的应用是土木工程领域不可或缺的部分，其优越的性能和适应性使其成为广泛采用的结构材料。混凝土在建筑、桥梁、隧道等多个领域都发挥着重要的作用，为工程结构提供了坚实的基础和可靠的支撑。混凝土在建筑领域的应用是最为显著的。建筑结构中，混凝土常用于楼板、柱、梁等主要承载构件的制作。其优越的抗压强度和耐久性使得混凝土成为高层建筑的理想材料。通过不同配合比的设计，混凝土可适应不同的建筑需求，从而实现多样化的建筑设计。在桥梁工程中，混凝土也扮演着重要的角色。桥梁结构对于强度和耐久性的要求较高，混凝土能够满足这些要求，并且在大跨度桥梁中广泛应用。混凝土的可塑性和流动性使得其适合用于各种桥梁结构的浇筑，如桥墩、桥台、桥面等。隧道工程中，混凝土同样是主要的结构材料。隧道的稳定性和安全性对混凝土的性能提出了较高的要求。混凝土通过不同配合比的设计，满足隧道工程在不同地质条件下的需求，确保隧道结构的牢固和耐久。混凝土还在水利工程、港口工程等领域得到广泛应用。在水利工程中，混凝土可用于制作水坝、水库、引水渠等结构，其抗水压性能对于水利工程的安全性至关重要。在港口工程中，混凝土可用于制作码头、防波堤等结构，其抗浪、抗腐蚀性能保障了港口设施的长期使用。混凝土在结构工程中的应用广泛且多样化。其优越的性能、适应性以及相对较低的成本使其成为土木工程领域首选的结构材料之一。深入研究混凝土在不同工程中的应用特点，有助于更好地指导结构设计和施工，以确保工程结构的安全、稳定和持久。

五、混凝土的特殊应用和创新技术

高性能混凝土和自密实混凝土是近年来土木工程领域中引入的两种创新型建筑材料，它们的特殊性能使其在不同的工程应用中展现出独特的优势。高性能混凝土以其卓越的力学性能和耐久性备受瞩目。其采用了优质的水泥、高强度的骨料和特殊的掺合料，以及先进的施工工艺。高性能混凝土具有更高的抗压强度、抗折强度和耐久性，在大跨度桥梁、高层建筑、核电站等工程中得到广泛应用。高性能混凝土还具有较好的抗渗性和抗化学侵蚀性，能够在恶劣的自然环境下保持结构的稳定性和持久性。自密实混凝土是一种具有自流性和自密实性的新型混凝土。采用特殊的掺合料和化学成分，使得混凝土在浇筑后自动排气、自动流平，从而获得良好的致密性和表面平整度。自密实混凝土不仅可以减少施工中的人工劳动，提高施工效率，而且在结构中能够减少气孔和裂缝的发生，提高混凝土的耐久性和抗渗性。高性能混凝土和自密实混凝土在桥梁工程中有着广泛的应用。高性能混凝土能够满足桥梁结构对于强度和耐久性的高要求，尤其是在大型桥梁和特殊环境下，卓越的性能表现使其成为首选材料。而自密实混凝土在桥梁的桥面板和支座等部位的施工中，能够更好地保证结构的致密性，减少渗水问题，提高结构的使用寿命。在海洋工程中，高性能混凝土的耐腐蚀性和抗海水性能使其成为海洋结构中的理想材料。例如，在海上平台、海底隧道等工程中，高性能混凝土的应用可以有效延长结构的使用寿命。自密实混凝土的特性在海洋工程中的桩基施工等方面表现出色，提高了工程施工的效率和质量。在高层建筑领域，高性能混凝土的高强度和轻质化特性为建筑提供了更大的设计灵活性。高性能混凝土和自密实混凝土不仅在土木工程中展现了出色的性能，而且为工程施工提供了更为灵活和可靠的解决方案。这两种创新性建筑材料在不同工程中的应用充分体现了其独特的优势，为土木工程的发展和进步做出了积极贡献。纤维增强混凝土和自愈合混凝土（SCC）是近年来土木工程领域中备受关注的两种新型混凝土，它们的技术性质为工程结构的性能和耐久性提供了全新的解决方案。纤维增强混凝土以其优异的抗裂和抗拉性能而备受瞩目。添加纤维如钢纤维、玻璃纤维等能够显著提高混凝土的韧性和抗拉强度，有效防止裂缝的扩展。这使得纤维增强混凝土在地震区域、高温环境和大型结构中具备更好的性能。纤维的添加还有助于提高混凝土的抗冲击性，延缓龄期裂缝的发生，从而提高了混凝土结构的耐久性。自愈合混凝土是一种具有自修复能力的创新材料。通过在混凝土中添加微胶囊或微通道等自愈合剂，当混凝土发生微小裂缝时，这些自愈合剂能够释放并填充裂缝，从而实现混凝土的自动修复。这项技术不仅可以延缓裂缝扩展，提高混凝土的耐久性，还能够减缓钢筋锈蚀的速度，延长结构的使用寿命。在技术性质方面，纤维增强混凝土的力学性能表现出色。其弯曲强度、抗拉强度、抗压强度等显著优于普通混凝土，而且在疲劳性能和冻融耐久性方面也有明显提升。纤维增强混凝土的施工性能良好，适用于各种施工工艺。自愈合混凝土的技术性质主要表现在其自愈合效果和自愈合速度上。通过实验和模拟，自愈合混凝土在一定程度上能够恢复混凝土的原始强度，对维护和延长结构寿命具有积极意义。自愈合混凝土的自愈合速度受到多种因素的影响，如裂缝宽度、温度、湿度等，需要在实际工程中根据不同条件进行细致调控。纤维增强混凝土和自愈合混凝土的技术性质的不断完善和创新，为土木工程领域提供了更多的选择。这两种技术的应用，不仅能够改善混凝土结构的性能，还能够提高结构的可靠性和使用寿命。深入研究这些新型混凝土技术的技术性质，对于推动土木工程的技术进步和结构质量的提升具有重要意义。

第三节　混凝土的应用

一、建筑结构中的混凝土应用

混凝土在建筑结构中的应用是土木工程领域的一项重要技术。作为一种多功能、多用途的建筑材料，混凝土以其可塑性、耐久性和强度为建筑结构提供了坚实的基础。深入研究混凝土在建筑结构中的应用，涉及组成、性能以及相关的施工技术。混凝土在建筑结构中的应用主要体现在承重墙、柱、梁和楼板等主要构件的制作中。通过混凝土浇筑，可以形成坚固的建筑结构，为建筑提供可靠的支撑和承载能力。混凝土结构的主要特点之一是适应性强，可以根据不同的建筑需求和设计要求采用不同的配合比和工艺流程。混凝土的性能对建筑结构的稳定性和耐久性有着直接的影响。混凝土的抗压强度、抗拉强度和抗折强度等力学性能是评价建筑结构稳定性的重要指标。在建筑结构中，混凝土的使用还要考虑其抗渗透性、耐久性、抗冻融性等方面的性能，以确保建筑结构在不同环境和气候条件下能够保持稳定和耐久。混凝土在建筑结构中的应用还涉及施工工艺的问题。混凝土的浇筑、振捣、养护等工艺需要严格控制，以确保混凝土的均匀性和致密性。施工中还需要关注混凝土的收缩、膨胀等变形问题，采取相应的措施进行预防和修复。除了传统的混凝土，近年来新型混凝土如纤维增强混凝土、自愈合混凝土等也在建筑结构中得到应用。这些新型混凝通过新技术增加了混凝土的抗裂性能和自愈合能力，提高了建筑结构的整体性能和使用寿命。混凝土在建筑结构中的应用不仅是一项技术工程，更是保障建筑结构稳定性和耐久性的关键步骤。通过不断优化混凝土材料和施工工艺，可以提高建筑结构的质量，满足不同建筑要求，推动土木工程领域的不断创新和发展。

二、交通基础设施中的混凝土应用

混凝土在交通基础设施中的应用广泛而重要，其独特的性能使其成为道路、桥梁、隧道等交通工程中的主要材料。在道路工程中，混凝土被广泛用于路面、路基和人行道等部位。混凝土路面具有抗压强度高、耐磨损、平整度好的特点，能够承受交通荷载的作用并保持较长时间的使用寿命。混凝土路基能够提供较好的承载能力，为道路整体的稳定性和耐久性提供了可靠支撑。桥梁是交通基础设施中不可或缺的重要组成部分，而混凝土则是桥梁结构的主要材料。混凝土桥梁具有高抗压强度、较好的耐久性和抗腐蚀性，能够满足桥梁在不同环境和荷载条件下的要求。混凝土还能够通过各种形式的构造实现桥梁结构的复杂性，为设计师提供了更大的灵活性。隧道工程中，混凝土也占据着重要地位。混凝土隧道结构能够提供足够的支撑力，保证隧道在复杂地质条件下的稳定性。混凝土材料的防水性能能够有效防止地下水的渗透，保障隧道结构的安全和可靠。交叉口和立交桥等交叉路口设施中，混凝土不仅用于道路和桥梁的建设，还广泛应用于交叉口的人行道、道路隔离带等部位。混凝土通过其平整度和抗压强度的优势，确保了交叉路口设施的安全性和通行的顺畅性。除了上述常见的交通基础设施，混凝土还在停车场、机场跑道、码头等交通工程中得到广泛应用。其性能稳定、施工方便的特点，使得混凝土成为交通基础设施的理想建筑材料。混凝土在交通基础设施中的应用涵盖了道路、桥梁、隧道、交叉口和各类交通设施，其稳定性、耐久性和可塑性等特点，为交通工程的建设和运行提供了可靠的支持。混凝土的广泛应用，不仅改善了交通基础设施的整体质量，也促进了城市和交通系统的可持续发展。

三、水利工程中的混凝土应用

水利工程中混凝土的应用是土木工程领域中至关重要的一部分。混凝土作为一种多功能、多用途的建筑材料，其在水利工程中发挥着关键作用。在水坝、水库、渠道和引水工程等方面，混凝土都被广泛应用，为水利工程的建设和运行提供了坚实的支持。水坝是水利工程中的典型应用场景之一，混凝土在水坝的建设中占据主导地位。通过混凝土浇筑形成的坝体，能够有效地阻挡水流，形成蓄水池，满足灌溉、发电和供水等多种水利需求。混凝土在水坝工程中的应用不仅关乎水坝的整体稳定性，还涉及防渗、抗冲刷等方面的工程性能。水库是混凝土在水利工程中的另一重要应用领域。混凝土构筑的水库坝体具有强度高、耐久性强的特点，能够长时间承受水的冲刷和压力，确保水库的稳定和安全。混凝土水库还能够通过合理设计实现调蓄水量、发电和防洪等功能。在渠道工程中，混凝土涵洞和渠道底板的建设是关键环节。混凝土涵洞具有优异的耐水性和耐腐蚀性，能够有效地引导水流，减小水流速度，避免洪水对渠道的损坏。混凝土渠道底板的平整度和耐久性能够提高渠道的输水效率和使用寿命。引水工程是为了将水资源引导到需要的地方，混凝土在引水渠道、隧洞等方面发挥着关键作用。混凝土渠道具有良好的抗渗性能，能够确保引水系统中水流的稳定和持续。混凝土隧洞则能够穿越山脉、河流等地形，为引水工程提供便捷的通道。水利工程中混凝土的应用涉及多个方面，包括水坝、水库、渠道、引水工程等。混凝土在水利工程中的使用不仅要求其具备强度高、抗冲刷、防渗等物理性能，还需要满足工程的经济性和施工的可行性。通过不断提升混凝土材料和工程技术，可以更好地满足水利工程的建设和维护需求，确保水资源的有效利用和水利工程的安全运行。

四、工业与能源领域中的混凝土应用

在工业与能源领域，混凝土作为一种多功能的建筑材料，得到了广泛的应用。其稳定性、耐久性以及适应性，使其成为工业设施和能源基础设施建设中的首选材料。在能源领域，混凝土扮演着关键的角色。核电站是一个显著的例子，混凝土在核反应堆厂房的建设中被广泛使用。混凝土能够提供足够的辐射屏蔽，并保障核设施的安全运行。混凝土还在发电厂中用于建造烟囱、水箱等结构，其耐高温、抗化学侵蚀的性能使其成为能源设施的重要构建材料。在石油与天然气领域，混凝土被广泛用于油井平台、储油罐等设施的建设。混凝土在海洋环境下的抗海水侵蚀性和耐腐蚀性能，使其成为海上石油平台的主要结构材料。混凝土也用于建造油罐，其密闭性和耐腐蚀性能有助于储存石油产品并确保设施的长期稳定运行。在工业设施中，混凝土也发挥着关键作用。工厂建筑、仓库、生产车间等工业建筑大多采用混凝土结构。混凝土的强度和稳定性使其能够承受重型设备和机械的振动和荷载。混凝土还用于建造化工厂的反应塔、储罐等设备，其耐化学腐蚀性能保障了工业设备的长寿命。在水力发电领域，混凝土也是重要的建筑材料。水电站的大坝和水库主体结构大多采用混凝土。混凝土大坝能够提供足够的抗压强度和稳定性，确保水力发电设施的安全运行。混凝土水库还能够储存大量的水资源，为供水、灌溉等提供了重要的基础设施。混凝土在工业与能源领域中的应用是多方面的。其在核电、石油与天然气、工业设施和水力发电等领域的广泛应用，为这些关键行业的发展提供了可靠的基础。混凝土的耐久性、稳定性和适应性特点，使其成为工业与能源基础设施建设中的不可或缺的建筑材料。

五、特殊工程中的混凝土应用和创新技术

特殊工程中混凝土的应用与创新技术是土木工程领域的一项重要议题。特殊工程通常指的是在特殊环境、复杂条件下的工程项目，包括但不限于高层建筑、桥梁、隧道、海洋工程等。混凝土在这些特殊工程中的应用和创新技术发挥着关键作用，保障了工程结构的稳定性和耐久性。在高层建筑中，混凝土常用于构建建筑主体结构。通过采用高性能混凝土和抗震设计，确保建筑具备足够的强度和稳定性。创新技术方面，混凝土的预制和现浇结合、高强度纤维混凝土的应用等为高层建筑的施工提供了更为灵活和高效的选择。在桥梁工程中，混凝土广泛用于桥墩、桥台和桥面等部位。通过采用自密实混凝土、高性能混凝土，提高了桥梁的抗渗性和耐久性。创新技术方面，超高性能混凝土的研究和应用使得桥梁结构更为轻薄、耐久，同时采用混凝土拼装技术、预应力技术等，提高了施工效率和结构性能。在隧道工程中，混凝土作为主要构建材料，用于隧道壁、拱顶等部位。耐水性和抗压强度的要求使得混凝土在隧道工程中发挥着不可替代的作用。

创新技术方面，高性能隧道混凝土、自愈合混凝土的研究与应用，为隧道工程提供了更好的维护和延寿手段。在海洋工程中，混凝土承担了海底隧道、海上平台等工程的建造任务。混凝土的耐腐蚀性和抗海水性能是海洋工程中的关键特性。创新技术方面，高性能海水混凝土的应用、混凝土防腐涂层技术等，提升了海洋工程结构的抗腐蚀性和耐久性。在高温、低温、强腐蚀性等特殊环境下，特殊工程对混凝土的性能要求更为苛刻。采用高性能、耐特殊环境混凝土以及创新技术，如冷热循环试验、防腐技术等，保证了特殊工程在极端条件下的可靠性。特殊工程中混凝土的应用和创新技术的发展，为土木工程领域带来了新的思路和解决方案。通过不断探索混凝土的材料和施工技术，确保特殊工程的稳定性和持久性。

第四节 混凝土配合比设计

一、配合比基础知识与原理

混凝土配合比是混凝土施工中至关重要的一个方面，直接关系到混凝土的性能和质量。配合比的设计需要根据具体工程要求、原材料特性以及施工条件等方面因素进行精确的计算和调整。深入理解混凝土配合比的基础知识与原理，对于确保混凝土工程的质量和可靠性至关重要。混凝土配合比的基础知识包括水灰比、砂浆比、骨料用量等关键要素。水灰比是指混凝土中水与水泥质量的比值，直接影响混凝土的流动性、强度和耐久性。合理控制水灰比可以防止混凝土出现过于干燥或过于湿润的情况，确保混凝土的性能在施工和使用过程中得到有效维护。砂浆比是指混凝土中砂浆部分的体积与水泥砂浆中水泥质量的比值，它关系到混凝土的坍落度和强度。适当调整砂浆比可以使混凝土具有较好的流动性，有利于施工操作，并能够提高混凝土的抗压强度。骨料用量涉及混凝土的骨料与水泥的比例，对混凝土的强度、耐久性和变形性能有重要影响。通过合理配置骨料用量，可以提高混凝土的力学性能和整体稳定性。混凝土配合比的设计原理需要考虑混凝土的工作性能、强度要求、耐久性和施工工艺等方面。在确定水灰比时，需要根据混凝土的用途、环境条件和要求的强度等综合因素来调整。在施工现场，实际的气温和湿度也会对水灰比的选择产生影响，因此需要在实际施工中进行灵活调整。在设计混凝土配合比时，还需要考虑混凝土的流动性和可泵性，以确保混凝土在浇筑过程中能够顺利施工。要充分利用各种掺合料，如粉煤灰、硅灰、膨胀剂等，通过混合比例的合理设计，提高混凝土的性能，满足工程的特殊要求。混凝土配合比的基础知识与原理的研究还需要考虑到混凝土的龄期效应。随着混凝土的龄期增长，其强度、收缩、抗裂性等性能会发生变化。在配合比设计中需要充分考虑混凝土的龄期效应，制订合理的施工养护计划，确保混凝土在龄期内能够达到设计要求的性能。混凝土配合比的基础知识与原理涉及多个方面，包括水灰比、砂浆比、骨料用量等关键要素，需要根据具体工程条件和要求进行合理设计。深入研究混凝土配合比的基础知识与原理，对于确保混凝土工程的质量和可靠性具有重要意义。

二、材料特性与选择

混凝土作为一种重要的建筑材料，在土木工程中的应用广泛而深远。混凝土的性能特性对于工程结构的设计和施工起到至关重要的作用，因此，深入了解混凝土材料的特性以及如何进行合适的选择，对于确保工程质量和可靠性至关重要。混凝土的抗压强度是其最基本的性能之一。抗压强度决定了混凝土在承受荷载时的稳定性，对于大多数结构而言是至关重要的。通过合理选择混凝土中的水泥、骨料和掺合料等材料，可以有效地调控混凝土的抗压强度，满足不同工程的需要。混凝土的抗拉强度也是重要的性能参数。虽然混凝土的抗拉强度相对较低，但在一些结构中，如梁和柱的底部，混凝土需要具备一定的抗拉能力。通过添加纤维等材料，可以有效提高混凝土的抗拉性能，增强其在工程结构中的承载能力。混凝土的抗渗透性也是一个至关重要的性能特性。对于一些需要抵御水的结构，如水箱、水渠等，混凝土的抗渗透性是必不可少的。通过选用高质量的水泥和添加适量的防水剂，可以有效提高混凝土的抗渗透性，保障结构的安全和稳定。混凝土的耐久性也是工程中需要考虑的重要因素。混凝土结构在长期使用中可能受到各种环境因素的影响，如风化、化学侵蚀等。选择抗老化、抗腐蚀的混凝土材料，采用适当的养护和防护措施，是确保混凝土结构长寿命的重要手段。混凝土的可塑性和流动性也是工程设计中需要考虑的因素。对于一些复杂的结构，如曲线构件、特殊形状的柱等，需要混凝土具备较好的可塑性，以确保浇筑和成型的顺利进行。混凝土材料的特性对于土木工程的质量和可靠性具有重要影响。通过深入研究混凝土的性能，合理选择材料和施工工艺，可以保障工程结构的稳定性和持久性。

三、配合比设计方法与标准

混凝土配合比的设计是土木工程中的关键环节，直接关系到混凝土的性能、强度和耐久性。设计混凝土配合比需要遵循一系列方法与标准，这些方法和标准是根据混凝土用途、工程环境和结构要求等因素制定的，以确保混凝土在不同情况下都能够满足设计要求。混凝土配合比设计方法中的一个重要考虑因素是混凝土用途。不同的混凝土用途需要具备不同的性能，因此配合比的设计应根据具体工程的用途来确定。例如，高强混凝土用于大型桥梁和高楼结构，需要具有较高的抗压强度和耐久性；而耐久性混凝土用于海洋工程，需要具有良好的抗腐蚀和抗渗透性能。标准的制定对于混凝土配合比的设计也至关重要。国家和地区通常会根据当地气候、材料特性和施工习惯等因素，制定相应的混凝土标准，包括混凝土的配合比设计方法、材料的选择、强度要求等方面的规定，以确保混凝土在施工中能够达到一定的质量标准。混凝土配合比设计还需要考虑原材料的特性。水泥、骨料、粉煤灰等原材料的品种和性质直接影响混凝土的性能。在设计配合比时，需要充分了解原材料的强度、吸水性、颗粒分布等特性，以确保混凝土的均匀性和性能。混凝土的配合比设计还需考虑施工的实际条件。施工工艺、气温、湿度等因素都可能对混凝土的性能产生影响。在设计过程中需要充分考虑施工环境，合理调整配合比，以适应实际的施工条件。混凝土的配合比设计还需要关注经济性。通过合理的配合比设计，既能够确保混凝土的性能和质量，又能够控制成本，提高工程的经济性。混凝土配合比的设计方法与标准是一个复杂而综合的过程，需要综合考虑混凝土用途、标准规定、原材料特性、施工条件和经济性等方面的因素。通过科学合理的设计，可以确保混凝土在各类土木工程中发挥出最佳的性能，保障工程的质量和可靠性。

四、特殊混凝土配合比设计

混凝土配合比的设计是土木工程中的关键环节，直接关系到混凝土的性能、强度和耐久性。设计混凝土配合比需要遵循一系列方法与标准，混凝土配合比是根据混凝土用途、工程环境和结构要求等因素制定的，以确保混凝土在不同情况下能够满足设计要求。混凝土配合比设计方法中的一个重要考虑因素是混凝土用途。不同的混凝土用途需要具备不同的性能，因此配合比的设计应根据具体工程的用途来确定。例如，高强混凝土用于大型桥梁和高楼结构，需要具有较高的抗压强度和耐久性；而耐久性混凝土用于海洋工程，需要具有良好的抗腐蚀和抗渗透性能。标准的制定对于混凝土配合比的设计也至关重要。国家和地区通常会根据当地气候、材料特性和施工习惯等因素，制定相应的混凝土标准。这些标准包括混凝土的配合比设计方法、材料的选择、强度要求等方面的规定，以确保混凝土在施工中能够达到一定的质量标准。混凝土配合比设计还需要考虑原材料的特性。水泥、骨料、粉煤灰等原材料的品种和性质直接影响混凝土的性能。在设计混凝土配合比时，需要充分了解原材料的强度、吸水性、颗粒分布等特性，以确保混凝土的均匀性和性能。混凝土的配合比设计还需考虑施工的实际条件，施工工艺、气温、湿度等因素都可能对混凝土的性能产生影响。在设计混凝土配合比过程中需要充分考虑施工环境，合理调整配合比，以适应实际的施工条件。混凝土的配合比设计还需要关注经济性。通过合理的配合比设计，既能够确保混凝土的性能和质量，又能够控制成本，提高工程的经济性。混凝土配合比的设计方法与标准是一个复杂而综合的过程，需要综合考虑混凝土用途、标准规定、原材料特性、施工条件和经济性等方面的因素。通过科学合理的设计，可以确保混凝土在各类土木工程中发挥出最佳的性能，保障工程的质量和可靠性。

五、质量控制与实际应用

混凝土质量控制是土木工程中确保混凝土质量符合设计要求的关键步骤。实际应用中，混凝土的性能与工程结构的安全性和可靠性密切相关。混凝土质量控制的实际应用涉及多个方面，包括原材料的选择、施工工艺的控制以及质量检测与评估等。混凝土质量的实际应用始于原材料的选择。水泥、骨料、粉煤灰等原材料的品质直接关系到混凝土的强度、耐久性等性能。在实际工程中，需要对原材料的来源、生产工艺、质量标准等进行详细审查，以确保符其合设计要求。通过对原材料的合理选择，可以有效控制混凝土的基础性能，奠定工程质量的基础。施工工艺的控制是混凝土质量控制的重要环节。混凝土的浇筑、振捣、养护等工艺直接影响混凝土的均匀性和致密性。在实际施工中，需要对施工工艺进行全面监控，以确保混凝土在浇筑过程中能够均匀分布、振捣充分、养护到位。特别是在高温、低温或多雨等特殊气候条件下，施工工艺的合理调整对混凝土的性能稳定性具有重要影响。质量检测与评估是混凝土质量控制的一项关键工作。通过对混凝土的抗压强度、抗折强度、抗渗透性等性能进行全面检测，可以确保混凝土符合设计要求。在实际工程中，通常采用取样检测的方式，从施工现场采集混凝土样品进行实验室测试。通过及时、准确的检测结果，可以及时调整施工工艺，纠正可能存在的问题，保障混凝土的质量。实际应用中还需要关注混凝土的养护工作。混凝土在初凝阶段需要保持足够的湿度，以确保水泥水化反应充分进行。养护不当可能导致混凝土龄期效应的变化，影响其强度和耐久性。混凝土在浇筑后，养护措施的合理实施是保障混凝土质量的关键一环。混凝土质量控制的实际应用是土木工程中至关重要的环节。通过对原材料的选择、施工工艺的控制、质量检测与评估的全面实施，可以确保混凝土在工程中具有稳定的性能，满足设计要求，保障工程结构的安全可靠。深入理解混凝土质量控制的实际应用，对于土木工程的施工和工程质量的提升具有重要的指导意义。

第六章　建筑砂浆

第一节　砂浆组成材料的选用

一、水泥的选用与性质

水泥在土木工程中的选用与性质直接关系到工程结构的稳定性和耐久性。水泥作为混凝土的主要胶凝材料，品种、性质和选用方法对于工程的质量和寿命有着重要的影响。水泥的种类与性质是选用的基础。水泥主要分为普通硅酸盐水泥、硫铝酸盐水泥、矾铝酸盐水泥、硅酸盐水泥等。不同种类的水泥具有不同的性质，如抗压强度、耐久性、早强性等方面存在差异。在选用水泥时，需要充分了解工程要求和环境条件，选择适合的水泥种类。水泥的强度和早强性是重要考虑因素。抗压强度是衡量水泥质量的重要指标，对于需要承受较大荷载的结构来说，强度是关键因素。而对于某些需要迅速投入使用的工程，如桥梁、隧道等，对水泥早强性的要求也相当重要。在选用水泥时，需要根据具体工程要求确定抗压强度和早强性的标准，选择合适的水泥品种。水泥的耐久性也是影响工程寿命的关键因素。耐久性主要涉及水泥抗硫酸盐侵蚀、抗氯离子侵蚀、抗碱骨料反应等性能。在海洋工程、桥梁、隧道等特殊环境下，水泥的耐久性要求较高。在选用水泥时，需要根据工程环境和结构要求，选择具有良好耐久性的水泥品种。水泥的矿物掺合料的选用也是影响水泥性质的重要因素。掺合料的加入可以改善水泥的工作性能、降低热量释放、提高抗裂性能等。普通硅酸盐水泥中通常掺入粉煤灰、矿渣粉等掺合料，而特殊工程中可能需要使用耐磨水泥。高性能混凝土中的矿物掺合料根据工程要求和性质需求，选用适量的掺合料也是水泥选用的重要方面。水泥在土木工程中的选用与性质的关系需要综合考虑多个因素，包括水泥种类、抗压强度、早强性、耐久性和掺合料等。在实际工程中，需要根据具体工程要求、环境条件和结构特点等方面的综合考虑，选择合适的水泥品种，以确保工程结构的安全稳定和耐久性。

二、砂子的特性与选用

砂子作为土木工程中的一种重要骨料，其特性与选用对于混凝土性能和工程质量具有深远的影响。深入了解砂子的特性以及合理选用的原则，对于保障工程的可靠性和稳定性至关重要。砂子的颗粒形状是影响混凝土性能的关键因素之一。合适的颗粒形状能够提高混凝土的流动性和充实性，确保混凝土在浇筑和成型过程中具备良好的可塑性。良好的颗粒形状有助于减少砂浆的水泥用量，提高混凝土的抗压强度。砂子的粒径分布对于混凝土强度和工作性能的影响至关重要。合理的粒径分布能够提高混凝土的抗压强度和抗渗透性，增强混凝土的耐久性。通过科学调配不同粒径的砂子，可以获得均匀的骨料配合比，确保混凝土性能得到优化。砂子的含泥量是另一个需要关注的特性。较高的含泥量可能导致混凝土的工作性能下降，降低混凝土的抗压强度。在选用砂子时，需要注意进行含泥量的检测，并选择含泥量适中的砂子，以保障混凝土的性能。砂子的含水率也是一个重要的特性。较高的含水率会增加混凝土的水泥用量，降低混凝土的强度。在选用砂子时，需要选择合适含水率的砂子，并注意在施工过程中控制混凝土的水灰比，以确保混凝土的强度和工作性能。砂子的来源和质量也是影响砂子选用的重要因素。合理选择来源可靠、质量稳定的砂子，能够保障混凝土的一致性和稳定性。定期进行砂子的质量检测，确保砂子符合设计要求，对于工程结构的可靠性具有至关重要的作用。深入了解砂子的特性，合理选用符合工程需求的砂子，对于保障混凝土性能和工程质量至关重要。科学的骨料设计与选用原则，有助于提高混凝土的强度、耐久性和工作性能，确保工程结构具备卓越的稳定性和可靠性。

三、填充料和添加剂的选择

土木工程中填充料和添加剂的选择是确保结构性能和施工质量的关键环节。填充料主要用于混凝土、沥青混凝土等材料的制备，而添加剂则是为了改善材料的某些性能或适应特殊施工需求。在进行选择时，需要综合考虑工程要求、材料特性以及施工环境等因素。填充料的选择涉及骨料的性质和用途。骨料是混凝土和沥青混凝土中的主要组成部分，对于材料的强度、稳定性和耐久性有着重要影响。根据工程结构的要求，选择适当的骨料，包括粗骨料和细骨料。例如，对于高强混凝土结构，通常会选择强度较高的粗骨料，以提高整体抗压性能。而在沥青混凝土路面结构中，对骨料的粒径和形状有一定的要求，以保证路面的平整性和耐久性。添加剂的选择需要根据混凝土或沥青混凝土的性能要求来进行。添加剂主要分为减水剂、缓凝剂、增强剂、防水剂等多种类型。减水剂用于改善混凝土的流动性，降低水灰比，提高抗渗性和强度。缓凝剂主要用于控制混凝土的凝结时间，适应一些特殊施工条件。增强剂用于提高混凝土的强度和耐久性。

防水剂则用于提高混凝土的防水性能。在选择添加剂时，需要根据工程要求和混凝土性能的需要，合理选择适当的添加剂类型和掺量。填充料和添加剂的选择还需要考虑环境因素。例如，在寒冷地区，可能需要选择一些具有良好低温性能的填充料和添加剂，以确保混凝土在低温条件下仍能保持稳定性能。而在高温地区，可以选择一些具有耐高温性能的填充料和添加剂，以适应高温环境下的施工和使用要求。填充料和添加剂的选择在土木工程中是一个综合性的问题，需要充分考虑工程结构的要求、材料的性质以及环境条件等因素。通过科学合理的选择，可以有效提高材料的性能，满足工程的特殊需求，确保结构的稳定性和耐久性。

四、砂浆设计与混合比例

砂浆是土木工程中常用的建筑材料之一，其设计与混合比例的合理性直接关系到工程结构的性能和稳定性。深入了解砂浆的设计原则以及混合比例的影响因素，对于确保工程质量具有重要作用。砂浆的设计需要考虑到水泥的种类和品种。不同种类和品种的水泥具有不同的性能特点，对于砂浆的工作性能和抗压强度有直接的影响。在设计砂浆时，需要充分考虑工程的具体要求和水泥的特性，以保障砂浆在使用中表现出优越的性能。砂浆的混合比例需要合理调配水泥、砂子和水的比例。合适的混合比例能够保障砂浆在施工过程中具备良好的可塑性和流动性，确保浆体的均匀性和充实性。通过调整混合比例，可以实现砂浆的工作性能和强度的平衡，满足工程的需求。砂浆的骨料选择也是设计中的关键因素。砂浆的骨料通常包括细骨料和粗骨料，其选择需要考虑到工程的具体用途和要求。合理选择骨料的种类和粒径分布，能够提高砂浆的抗压强度和抗渗透性，增强砂浆的耐久性。混合比例中水的使用量也是需要注意的因素。过多或过少的水量都会对砂浆的工作性能和强度产生负面影响。合理控制水的用量，通过调整水灰比，可以实现砂浆的流动性和抗压强度的协调，确保混凝土在施工和使用过程中表现出良好的性能。添加剂的使用也是砂浆设计的一个重要方面。通过添加剂，如减水剂、增塑剂、防水剂等，可以调整砂浆的流变性能，提高其耐久性和抗渗透性，使砂浆更加适应不同的施工和使用环境。深入了解砂浆设计与混合比例的原则，合理选择水泥、骨料和添加剂等材料，通过科学的混合比例调配，有助于确保砂浆在施工和使用中具备良好的性能，以提高工程结构的稳定性和可靠性。

五、特殊砂浆材料与应用

特殊砂浆材料在土木工程中扮演着重要的角色，通过独特的配方和性能特点，为各种特殊工程需求提供了可靠的解决方案。这些材料涉及多种类型，包括高性能混凝土、耐化学腐蚀砂浆、防水砂浆等，它们广泛应用于桥梁、隧道、海洋工程和化工设施等各种工程中。高性能混凝土是一种具有卓越性能的特殊砂浆材料，其抗压强度、抗折强度和耐久性均远高于普通混凝土。这种砂浆常用于需要承受重载和高强度要求的结构，如大型桥梁、高层建筑和重要基础设施。高性能混凝土通常采用优质水泥、细粒骨料和化学添加剂等原材料，通过科学的配比和施工工艺，确保混凝土具有卓越的力学性能和抗久性。耐化学腐蚀砂浆是专门设计用于耐受化学侵蚀的特殊砂浆。在一些化工厂、污水处理厂和酸碱环境下，普通混凝土容易受到化学侵蚀因而失去耐久性。耐化学腐蚀砂浆采用具有良好抗腐蚀性能的特殊材料，如硅酸盐水泥、耐酸碱骨料等，以确保其在恶劣的化学环境下仍能维持稳定的结构性能。防水砂浆是用于防水工程的特殊砂浆材料，广泛应用于地下室、隧道和水池等工程。防水砂浆通过添加特殊的防水剂，提高了混凝土的密实性和抗渗透性，有效阻止水分渗透，防止地下结构受到潮湿和侵蚀。这种砂浆还通常具有较好的黏结性，可用于处理特殊形状和曲线结构，确保整个结构都能得到有效的防水保护。在海洋工程中，海水中的盐分和湿度可能会对结构造成腐蚀和侵蚀，因此特殊砂浆材料在这些环境下得到广泛应用。海洋工程中的特殊砂浆通常采用耐海水腐蚀的材料，如氯化镁抗腐蚀水泥、不锈钢纤维等，以增强结构的抗腐蚀性能，延长使用寿命。特殊砂浆材料的选择和应用是土木工程中的一项关键任务。通常根据具体工程需求选用不同类型的特殊砂浆，可以有效应对各种复杂环境和工程要求，确保结构具有出色的性能和可靠的耐久性。这些特殊砂浆的广泛应用为土木工程提供了更多的解决方案，推动了工程材料的不断创新和发展。

第二节　砌筑砂浆技术性质测（判）定与应用

一、砌筑砂浆基础知识与分类

砌筑砂浆是土木工程中常用的建筑材料，它在砖石结构中起着连接、填充和固定的关键作用。了解砌筑砂浆的基础知识和分类对于保障建筑结构的稳固性和耐久性至关重要。砌筑砂浆的基础知识包括其主要成分和制备方法。一般而言，砌筑砂浆的主要成分包括水泥、砂子和适量的水。水泥作为胶凝材料，通过水化反应形成胶结物，将砂子黏结在一起。合适的水泥和砂子的选择，以及适量的水分配比，是确保砌筑砂浆具有合适强度和工作性能的重要因素。砌筑砂浆可以根据用途和配方的不同进行分类。最常见的分类是按照其强度等级，分为不同标号的砌筑砂浆，如 M5、M7.5、M10 等，这些标号代表了砌筑砂浆的抗压强度。砂浆根据所用材料的不同，还可以分为普通砌筑砂浆、强化砌筑砂浆等，这些砂浆在用途和性能上有所差异。砌筑砂浆的分类还可以根据其用途和所处环境来划分。例如，对于需要抗水渗透性的地方，可以选择防水砌筑砂浆；耐腐蚀要求较高的环境中，可以采用耐化学侵蚀砌筑砂浆。这样的分类有助于根据具体工程需求选择适用的砌筑砂浆，以确保建筑结构的稳固性和耐久性。还有一类特殊用途的砌筑砂浆，如耐火砌筑砂浆。耐火砌筑砂浆通常含有特殊的耐火材料，用于高温环境中，如炉窑、烟囱等。这些砂浆具有耐高温、抗膨胀、保持强度等特点，以确保在极端条件下仍能保持结构的稳定性。砌筑砂浆的基础知识和分类是土木工程中不可忽视的一部分。了解砌筑砂浆的成分、制备方法和不同类型的特点，有助于工程师根据具体需求选择合适的砌筑砂浆，以确保建筑结构具有良好的性能和稳定性。

二、砌筑砂浆的性质测定

砌筑砂浆的性质测定是土木工程中至关重要的一项工作，它直接关系到砌体结构的质量和稳定性。深入了解砌筑砂浆的性质测定原理和方法，对于确保砌体结构的安全可靠性具有不可忽视的意义。砌筑砂浆的强度是其中一项最为重要的性质之一。通过进行抗压强度和抗拉强度的测试，可以全面了解砂浆在不同工况下的力学性能。合理选择试块形状和尺寸，以及采用适当的加载速率，可以获取准确可靠的强度指标，为工程的结构设计提供实际的参考数据。砂浆的抗渗透性是另一个需要关注的性质。通过浸泡试验和渗透试验，可以评估砂浆的孔隙结构和渗透性能。砂浆的抗渗透性直接关系到结构的耐久性，通过合理的配比和材料选择，可以提高砂浆的密实性，减少渗透问题，确保结构的长期稳定性。砌筑砂浆的收缩性也是一个需要考虑的性质。通过收缩试验，可以评估砂浆在固化过程中的变形情况。了解砂浆的收缩性能有助于预测结构的变形情况，从而采取相应的措施，如添加抗裂剂，以减轻收缩引起的开裂问题。砌筑砂浆的耐久性也是性质测定中的关键指标之一。通过模拟不同环境条件下的试验，如冻融试验、化学侵蚀试验，可以评估砂浆在不同外界条件下的稳定性和耐久性。耐久性测试有助于预测砌体结构在不同环境中的性能，为工程的长期使用提供可靠的数据支持。砌筑砂浆的变形性能也是性质测定中的一个重要方面。通过进行变形试验，可以了解砂浆在荷载作用下的变形特点和变形模量。合理掌握砂浆的变形性能，有助于结构的变形分析和设计优化。砌筑砂浆的性质测定是一项综合性的工程任务，需要结合不同性质的测试方法，全面了解砂浆的力学性能、渗透性、收缩性、耐久性和变形性能。通过科学准确的测试手段，为工程结构提供可靠的数据支持，确保其在使用中表现出优越的稳定性和可靠性。

三、材料选择与混合比设计

砌筑砂浆作为土木工程中常用的建筑材料，其材料选择和混合比设计对于确保建筑结构的稳固性和耐久性至关重要。在进行砌筑砂浆的材料选择和混合比设计时，需要综合考虑多个因素，包括工程要求、使用环境、强度等级和施工条件。材料的选择涉及水泥、砂子和水等成分。水泥作为砌筑砂浆的主要胶凝材料，种类和品牌的选择直接影响到砌筑砂浆的强度和耐久性。常见的水泥有普通硅酸盐水泥、耐高温水泥等，根据工程的具体要求选择合适的水泥品种。砂子是砌筑砂浆的骨料，其粒径和性质的选择也对砌筑砂浆的工作性能和抗压强度有着直接影响。适量的清洁水则是确保砌筑砂浆充分混合的关键因素。混合比的设计是影响砌筑砂浆性能的关键因素。混合比是指水泥、砂子和水的配比，直接决定了砌筑砂浆的强度、密实度和工作性能。在混合比设计中，需要充分考虑工程的强度等级、使用环境的要求和施工条件。不同工程对砌筑砂浆的强度等级有不同要求，因此混合比的设计需要根据要求进行合理调整。在特殊环境下，如高温或者化学腐蚀环境，可能需要采用特殊配方的砌筑砂浆。为了提高砌筑砂浆的性能，还可以考虑添加一些特殊的添加剂，如减水剂、增强剂、防水剂等。这些添加剂可以改善砌筑砂浆的流动性、耐久性和防水性能，从而适应不同的工程需求。砌筑砂浆材料选择和混合比设计是土木工程中不可或缺的关键环节。通过合理选择水泥、砂子和水等材料，设计合适的混合比，并考虑特殊环境下的需求，可以确保砌筑砂浆在各种条件下都具有稳定的性能，从而保障建筑结构的牢固和耐久。

四、施工工艺与质量控制

砌筑砂浆的施工工艺与质量控制是确保建筑结构质量的重要环节。在施工过程中，需要采取一系列措施，以保障砂浆的均匀性、稳定性和耐久性。施工前需要进行砂浆配合比的准备工作。合理选择水泥、砂子、骨料和水的比例，确保砂浆在施工中具备所需的工作性能和强度。在配合比设计中，还需要考虑施工环境和具体要求，以调整砂浆的性能来适应不同条件。施工现场的准备工作也是确保砂浆质量的重要因素。清理砌体表面，确保墙体表面干燥且无杂物，有助于提高砂浆的附着力和均匀性。在施工现场要确保施工人员的操作规范，使用合适的工具和设备，以提高砂浆的施工效率和质量。在混合砂浆的过程中，需要注意搅拌时间和搅拌速度的控制。充分搅拌有助于水泥充分发挥胶凝作用，确保砂浆的均匀性。合理的搅拌速度有助于减少气泡的产生，提高砂浆的致密性和抗渗透性。施工中的砂浆摊铺也需要特别注意。采用适当的工具，如抹子和刮刀，保证砂浆均匀覆盖在砌体表面。在摊铺的过程中，施工人员需要保持一定的施工速度和力度，以确保砂浆的一致性和密实性。养护工作也是砂浆质量控制的关键步骤之一。充分的养护有助于提高砂浆的强度和耐久性。在养护期间，需要定期浇水，避免砂浆表面龟裂和脱粉，以确保砂浆的长期稳定性。对施工现场进行质量检测也是必不可少的。通过抽样检测，检查砂浆的强度、附着力、抗渗透性等性能指标，以确保施工过程中砂浆质量符合设计和规范要求。砌筑砂浆的施工工艺与质量控制需要在每一个环节都严格执行，从配合比的制定到施工现场的准备和施工操作，再到后期的养护和质量检测，都需要精心策划和操作，以确保砂浆的质量和工程结构的稳定性。

五、砌筑砂浆在不同工程中的应用

砌筑砂浆作为一种重要的建筑材料，在不同的土木工程中发挥着关键作用。其应用广泛，涵盖了各种工程类型，包括建筑、桥梁、隧道、地下结构和修复工程等。砌筑砂浆在建筑工程中广泛用于连接和固定砖块、石块等建筑材料，形成稳固的墙体结构。通过砌筑砂浆，可以保障建筑物的整体稳定性和耐久性。不同种类和强度等级的砌筑砂浆根据建筑物的用途和结构要求得以灵活应用。在桥梁工程中，砌筑砂浆通常被用于修建桥墩、桥台和桥面等部位。这些结构需要承受复杂的荷载和环境条件，因此砌筑砂浆的强度和耐久性成为关键考量。耐水、耐化学腐蚀等特殊性能的砌筑砂浆也被广泛运用，以应对桥梁所面临的多样化挑战。在隧道工程中，砌筑砂浆被用于支护和封闭隧道结构。其密实性和黏结性质使其成为隧道内壁和拱顶的理想填充材料。对于地下结构而言，砌筑砂浆的防水性能显得尤为重要，以防止水分渗透并保障隧道的稳定性。地下结构，如地下室和基础墙等，也是砌筑砂浆应用的典型场景。通过合适的砌筑砂浆，可以确保地下结构具有足够的强度和密实性，同时防止地下水的渗透。防水砌筑砂浆更为常见，以增强结构的防渗性。在旧建筑的修复和加固工程中，砌筑砂浆被广泛应用于填充、修补和加固裂缝、空洞等结构缺陷。适当的砌筑砂浆可以提供强大的黏结力，将原有结构重新巩固，延长其使用寿命。砌筑砂浆在不同工程中的应用体现了其多功能性和灵活性。根据具体工程需求选择合适的类型和性能的砌筑砂浆，可以确保土木工程结构在各种条件下都具有出色的稳定性和耐久性。

第三节　砂浆配合比设计

一、砂浆基础知识与设计原则

砂浆作为土木工程中常用的建筑材料之一，其基础知识和设计原则对于确保结构的稳定性和耐久性至关重要。砂浆的主要成分包括胶凝材料、骨料和水。常见的胶凝材料有水泥、石灰等，骨料则一般是砂子。水泥的种类和品牌、砂子的粒径和性质直接影响砂浆的强度和工作性能。适量的清洁水是确保砂浆充分混合的重要因素。混合比是指砂浆中胶凝材料、骨料和水的配比。混合比的确定需要考虑工程要求、强度等级、使用环境和施工条件等因素。合理的混合比设计直接关系到砂浆的性能，过高或过低的混合比都可能导致强度不足或工作性能不佳。砂浆的强度等级根据工程的具体要求而定。不同工程对砂浆的强度等级有不同的要求，需要根据工程用途选择适当的强度等级。强度等级的选择也与混合比直接相关，需要在综合考虑工程实际需求的基础上进行合理的设计。砂浆在不同的使用环境下可能受到不同的挑战，如高温、化学腐蚀、潮湿等。在设计砂浆配方时，需要考虑到使用环境对砂浆性能的影响。例如，在潮湿环境中，需要选择具有良好防水性能的砂浆。砂浆的设计不仅需要考虑其材料的性能，还需要考虑到施工的实际情况。砂浆的设计应具有一定的施工适应性，以确保在施工过程中其能够实现充分混合、易施工和与其他材料的良好黏结。砂浆的设计需要注重提高其耐久性和抗渗性。通过选择合适的材料、控制混合比和添加一定的防水剂等手段，可以提高砂浆的抗渗性，延长其使用寿命。砂浆的基础知识和设计原则是确保土木工程结构稳固和耐久的关键。通过合理选择砂浆的成分、混合比和强度等级，以及考虑使用环境和施工工艺的实际情况，可以设计出符合工程需求的优质砂浆，保障结构具有稳定的性能。

二、砂浆材料特性与选择

砂浆作为一种常用的建筑材料，其性能特性和材料选择对于建筑结构的质量和稳定性有着直接而深远的影响。水泥作为砂浆中的主要胶凝材料，其种类和品种的选择直接决定了砂浆的性能。不同种类的水泥具有不同的强度、早期强度发展速度和耐久性等特性，因此在选择材料时，需要根据工程具体需求来合理选用。考虑到工程所在地的气候条件、环境因素，也需要综合考虑水泥的适用性。砂子作为砂浆的骨料，其特性对砂浆的工作性能和强度有着重要影响。砂子的粒径分布、颗粒形状以及含泥量都是关键因素。合适的颗粒形状能够提高砂浆的流动性和充实性，而粒径分布的合理选择有助于提高砂浆的抗压强度和耐久性。砂子的含泥量过高可能导致砂浆的黏性增大，影响其流动性和附着性。砂浆中的掺合料也是一个需要考虑的重要因素。掺合料的添加可以改善砂浆的工作性能、提高抗裂性能和改良耐久性。常用的掺合料有矿渣粉、硅灰等，其选用需要根据具体工程要求和环境条件来合理配置。砂浆的水灰比是一个关键的参数，对于砂浆的强度和工作性能有着直接的影响。水灰比过高可能导致砂浆的流动性增大，但强度下降；而水灰比过低可能导致砂浆的流动性差，施工难度增加。在砂浆的材料选择和调配中，需要综合考虑水泥的品种、砂子的特性和掺合料的使用，以合理控制水灰比，实现砂浆的优良性能。砂浆的材料特性与选择是一个综合性的问题，需要综合考虑水泥、砂子、掺合料和水等因素。通过科学合理的材料选择和比例调配，可以使砂浆具备优异的性能，保障建筑结构的稳定性和耐久性。

三、砂浆配合比设计方法

砂浆在建筑工程中扮演着至关重要的角色，其性能直接关系到结构的牢固稳定。砂浆的配合比设计是决定其性能的核心因素之一，而不同的配合比设计方法对砂浆性能的影响差异显著。在选择合适的砂浆配合比设计方法时，需综合考虑各种因素，以确保最终的建筑结构具备所需的力学性能和耐久性。水灰比是砂浆配合比设计中的一个重要参数，直接关系到砂浆的工作性和强度，采用相对较低的水灰比可以提高砂浆的强度，但同时可能降低其可塑性。在选择水灰比时，需要综合考虑工作性和强度的平衡，以满足工程的要求。砂浆中各组分的配比也对其性能产生重要影响。砂、水泥和外加剂的合理搭配是确保砂浆性能的关键。例如，适量的外加剂可以改善砂浆的黏结性能和抗渗性能，但过量使用可能导致负面效果。在设计配合比时，需要精确计算各组分的含量，以保证砂浆在不同环境和应力条件下都能表现出良好的性能。砂浆的配合比还受到施工条件的影响。例如，温度、湿度等环境因素都可能影响砂浆的凝结过程和强度发展。在选择配合比设计方法时，需要考虑具体的施工环境，以调整砂浆的配合比，确保其适应实际施工条件。不同的砂浆配合比设计方法在各自的优势和局限性中都有其独特之处。在选择时，需综合考虑水灰比、各组分配比以及施工条件等因素，以确保最终的砂浆配合比能够在实际工程中发挥最佳性能。这不仅需要对各种设计方法有深刻的理解，还需要结合具体工程需求进行灵活调整，以实现砂浆性能和施工条件的最佳平衡。砂浆作为建筑工程中常用的材料之一，其设计方法需要根据不同工程需求进行灵活调整，以确保砂浆能够满足具体的技术要求和工程条件。针对高强度要求的工程，砂浆的设计需要注重配合比的合理搭配。通过选择高强度的水泥品种，合理配置骨料和掺合料，可以实现砂浆抗压强度的提升。在混合比例的设计中，需要控制水灰比，以确保混凝土保持良好的流动性和均匀性。对于需要耐久性和抗渗透性的工程，砂浆的设计需更注重材料的选择和比例。采用高性能的掺合料和防水剂，有助于提高砂浆的耐久性和抗渗透性。在骨料的选择上，可以考虑使用优质的细砂，以改善砂浆的致密性和附着性，从而提高其在潮湿环境下的稳定性。对于需要抗裂性能的工程，砂浆设计的关键在于合理控制收缩性。通过使用具有较低收缩性的水泥品种，或添加抗裂剂，可以有效减缓砂浆的收缩速率，降低裂缝的产生。选择具有良好分散性的砂子，也有助于提高砂浆的抗裂性能。在需要提高工作性能的工程中，砂浆设计需要关注的是混合比例的调整。通过合理选择水泥和骨料的比例，控制水灰比，可以确保砂浆具有良好的可塑性和流动性。适度使用减水剂也是提高砂浆工作性能的有效手段。不同工程需求对砂浆设计提出了多方面的要求，需要根据工程的具体特点来进行差异化的设计。通过深入了解工程需求，科学合理地选择水泥、骨料、掺合料和添加剂等材料，灵活调整混合比例，可以实现砂浆性能的有效优化，确保其在不同工程中发挥最佳的作用。

四、特殊砂浆配合比设计

在高性能砂浆和自密实砂浆的设计中，关键的原则主要涉及各种物料的合理搭配，以及在不同工程环境下实现性能的最佳平衡。需明确高性能砂浆的设计要追求更高的强度、耐久性和抗渗透性能。这要求选用高品质的水泥、石英砂和外加剂，以确保砂浆具备卓越的黏结性能和抗压性能。在高性能砂浆的设计中，水灰比的控制是至关重要的。适度的水灰比有助于提高砂浆的强度，但过高的水灰比导致砂浆的可塑性降低。设计时需在保证强度的前提下，尽可能减少水的使用，以提高砂浆的工作性能。自密实砂浆的设计原则主要注重于砂浆内部微观结构的调控，以提高其抗渗透性能。这要求在砂浆中加入适量的外加剂，如膨胀剂和微细矿粉，以填充砂浆内部孔隙，减少渗透通道。粒径较细的石英砂的选择也有助于减小砂浆的孔隙率，提高其致密性。在自密实砂浆设计中，需要谨慎控制各组分的配比，确保在提高密实性的同时不降低砂浆的工作性。合理选择外加剂和控制水泥的用量，有助于实现自密实砂浆的性能优势。高性能砂浆和自密实砂浆的设计原则在追求强度和抗渗透性能上有一定的共通之处，都需要通过合理搭配水泥、石英砂和外加剂来实现。在具体设计时，要根据工程需求和施工条件的不同，灵活调整配比和材料选择，以保证最终砂浆能够发挥最佳性能。耐化学腐蚀砂浆的设计需要充分考虑材料的组成和结构，以满足在具体的化学腐蚀环境中对砂浆性能的高要求。对于耐化学腐蚀砂浆的组成，水泥的选择是至关重要的一环。选用耐酸碱腐蚀的水泥种类，如硅酸盐水泥，能够有效提高砂浆的耐腐蚀性。硅酸盐水泥具有较好的抗化学侵蚀性能，对于酸碱腐蚀有着较高的抵抗能力。也可以考虑使用耐腐蚀掺合料，如氧化铝、氧化硅等，以增强砂浆的抗腐蚀性能。骨料的选择也是设计中的关键一环。耐化学腐蚀砂浆需要使用抗腐蚀的骨料，一般选用无机骨料，如陶粒、石英砂等。这些骨料具有较好的稳定性和抗腐蚀性，能够减缓酸碱侵蚀对骨料的损害，从而提高砂浆的整体耐久性。在设计中，混合比例的调整也是至关重要的。需要保持合适的水灰比，以保证砂浆在施工过程中具有良好的可塑性和流动性。适度添加高效减水剂，有助于提高砂浆的流动性，确保混凝土表面充分平整，减少毛孔和裂缝的产生。对于耐化学腐蚀砂浆的设计，还需要考虑到施工工艺的问题。在施工现场，应确保施工人员掌握专业的技能，保持工艺的规范性。尤其是在搅拌、浇筑、抹灰等环节，需要严格按照设计要求和工艺规范进行操作，以确保砂浆的均匀性和稳定性。对于耐化学腐蚀砂浆的养护也是不可忽视的。养护过程中，要注意适度保湿，防止砂浆表面龟裂和脱粉。养护的时间和方式，需根据具体工程要求和环境条件来进行调整，以确保砂浆的早期和长期性能都得到有效保障。耐化学腐蚀砂浆的设计需要综合考虑水泥、骨料、掺合料等材料的选择，以及混合比例、施工工艺和养护等方面的因素。通过科学的设计和施工管理，可以确保砂浆在化学腐蚀环境中具备出色的耐久性和稳定性。

五、配合比设计实践与质量控制

砂浆施工的质量控制是确保建筑结构稳定和耐久的关键环节。在整个施工过程中，必须对各个环节进行监控，采取有效的质量控制措施，以确保砂浆的配合、施工和养护等方面的质量得以有效保障。砂浆的原材料应当符合相关标准，水泥、砂和外加剂的质量必须得到充分保证。在选材阶段，需要确保原材料的来源可靠，同时要对原材料进行详尽的检测，以确保其满足工程的技术要求。这涉及对水泥强度、外加剂性能以及砂的颗粒分布等多方面的检测，以保障砂浆的基本材料质量。砂浆的搅拌和施工过程中，需要严格遵循相关的施工工艺规范。搅拌设备的选择和操作需要符合标准，以确保各组分充分混合。施工时，要保证砂浆的均匀性和一致性，以避免导致施工质量不稳定。需要注意施工环境的温度和湿度，以免对砂浆的凝结过程产生不利影响。在浇筑和抹灰的过程中，需要注意施工层厚度的一致性，以防止由于层厚不一致而引起的强度差异。采用适当的工具和技术手段，确保砂浆能够均匀覆盖在建筑表面，形成均匀、牢固的结构。砂浆施工完成后，必须进行适当的养护。养护的质量控制涉及保湿措施的合理性、养护时间的充足性等方面。保持适度的湿度，避免快速脱水，有助于提高砂浆的强度和耐久性。砂浆施工中的质量控制是一个多环节、复杂而细致的过程。只有通过严格遵循相关标准和规范，采取有效的质量控制措施，才能确保砂浆在施工过程中能够达到预期的性能和质量水平。这需要施工人员具备高度的责任心和技术水平，以确保整个砂浆施工过程的质量得以可靠保障。在实际工程中，配合比设计是确保混凝土性能和施工质量的关键步骤之一。配合比设计的应用与调整在实际工程中具有重要的意义。应用配合比设计是为了确保混凝土的强度达到设计要求。在设计中，根据工程的具体要求和所处环境条件，选择合适的水泥品种、骨料种类和含水量，通过精确的计算和比例调配，使混凝土在硬化过程中能够获得理想的抗压强度。在实际工程中，通过仔细研究设计要求和材料性能，进行科学合理的配合比设计，是确保混凝土强度的基础。配合比设计需要充分考虑施工的实际条件和工艺要求。在不同的施工环境和施工方式下，混凝土的性能需求可能会有所不同。合理的配合比设计应根据实际施工条件，调整混凝土的流动性、坍落度等工作性能，以确保施工过程的顺利进行。还需注意调整混凝土的坍塌度，以适应不同浇筑方式和模板结构，提高施工的效率和质量。在材料的选择方面，配合比设计需要根据骨料、水泥、掺合料等的实际特性进行调整。不同种类和品种的骨料具有不同的颗粒形状和大小，对于混凝土的工作性能和抗压强度有直接的影响。水泥的种类和掺合料的使用也会影响混凝土的性能，因此需要根据具体工程需求和材料性能选择，进行合理的配合比设计。配合比设计也需要进行灵活调整。在现场施工过程中，可能会出现气温变化、水源变化等不可预测的情况，这时需要根据实际情况及时调整配合比，以确保混凝土的性能和施工的质量。配合比设计的应用与调整是一项复杂而细致的工作。通过深入研究工程要求、材料特性和施工环境，进行科学合理的设计和调整，可以确保混凝土在实际施工中具备优越的性能和稳定性，从而提高工程质量和耐久性。

第四节　砂浆的应用

一、建筑结构中的砂浆应用

砂浆在建筑结构中扮演着重要的角色，其应用涉及多个方面，包括连接、填充、修补和抗渗透等。砂浆作为一种黏结剂，广泛用于连接建筑结构中的砖块、石材和混凝土等材料。通过适当的搅拌和施工，砂浆可以形成坚固的连接，确保建筑结构的整体稳定性。砂浆在建筑中被用作填缝材料，填充砖墙、混凝土结构中的缝隙，提高结构的整体密闭性和抗渗性。砂浆还常常用于修补和翻新建筑结构，填充损坏的部分，修复结构的完整性。砂浆能够有效地修复和加固建筑结构，延长其使用寿命。在混凝土结构中，砂浆还可以用作表面修补材料，修复混凝土表面的裂缝和损伤，提高结构的美观性和耐久性。砂浆在建筑的防水处理中也起着关键作用。通过调配合适的配合比和添加适量的外加剂，砂浆可以形成致密的结构，提高其抗渗透性，有效地防止水分渗透，保护建筑结构免受湿气和雨水的侵害。砂浆在建筑结构中的应用是多方面的，包括连接、填充、修补和防水等方面。通过合理的设计和施工，砂浆能够有效地提高建筑结构的强度、耐久性和整体性能，为建筑工程的安全和可靠性提供了关键的支持。

二、道路与桥梁工程中的砂浆应用

在道路与桥梁工程中，砂浆作为一种重要的建筑材料，发挥着多种关键作用，涵盖了多个方面。砂浆在路面修补和维护方面具有显著的应用价值。路面由于交通载荷、气候变化和其他外界因素的影响，容易发生裂缝和磨损。通过使用适当配制的砂浆，可以有效修补路面裂缝，填充坑洼，提高路面的平整度和耐久性。这种修补能够有效延长道路的使用寿命，减少维护成本，提高交通安全性。砂浆在桥梁结构中的使用也是不可或缺的。桥梁是交通运输系统的重要组成部分，对其结构的稳固性和耐久性有严格的要求。砂浆在桥梁中的应用主要体现在桥墩、桥台和桥面的修复、抗渗透性提升等方面。通过合理设计和使用高性能的砂浆，可以有效修复桥梁结构的损伤，提高其耐久性和抗渗透性，确保桥梁的长期稳定性。砂浆在桥梁的新建工程中也发挥着重要作用。在桥梁的施工过程中，砂浆被广泛用于固定桥墩和桥台的预制构件，以确保其牢固性和稳定性。砂浆还用于桥梁的抗渗透层和修复层的施工，以提高桥梁的防水性能和整体耐久性。砂浆在桥梁装饰和表面修饰方面也发挥着不可替代的作用。通过选择不同颜色和纹理的砂浆，可以使桥梁的外观更加美观，符合环境和城市规划的要求。这不仅有益于桥梁的美化，同时，也能提升周围环境的整体协调性。砂浆在道路与桥梁工程中具有广泛而重要的应用。它不仅用于维护和修复，还在新建工程和装饰方面发挥着关键的作用，为道路与桥梁结构的性能和外观提供了可靠的支持。这种应用体现了砂浆在建筑领域中的多功能性和不可替代性。

三、水利工程中的砂浆应用

水利工程中，砂浆的应用涵盖了多个方面，包括加固、修复、抗蚀和填充。砂浆作为一种强度较高的建筑材料，被广泛用于水利工程中的结构加固。通过合理的搅拌比例和施工技术，砂浆能够形成坚固的连接，加强水坝、堤坝、渠道等结构的整体稳定性，以适应水利工程中复杂的水流和水压环境。砂浆在水利工程的维护和修复中发挥着重要作用。水利设施在长时间的运行过程中，会因为水流冲刷、物理侵蚀等因素而出现磨损和损伤。通过使用砂浆，可以对这些受损的部分进行修复，延长水利设施的使用寿命，确保其持久而稳定地运行。砂浆还常被应用于水利工程中的抗蚀工作。水流冲刷是水利工程中常见的挑战，会导致设施表面的磨损和侵蚀。砂浆的高强度和抗压性能使其成为一种理想的材料，可以用于构建具有良好抗蚀性能的表面涂层，保护水利结构不受水流侵害。砂浆在水利工程中的填充作用也不可忽视。在一些水利工程中，需要对某些空隙或裂缝进行填充，以提高结构的密封性和稳定性。砂浆通过其流动性和可塑性，能够有效地填充这些空隙，保证水利设施的完整性。水利工程中砂浆的应用是多层次、多方面的，包括结构加固、维护修复、抗蚀和填充等方面。通过合理的设计和施工，砂浆为水利工程提供了可靠的材料支持，确保了水利设施的安全、持久运行。

四、工业与能源领域中的砂浆应用

工业与能源领域中，砂浆的应用广泛而多样，涉及建筑、设备固定、维护等方面。工业厂房的建筑与维护中，砂浆被广泛用于混凝土结构的修复和保护。由于工业环境中受到化学品、高温等多种影响，混凝土表面容易出现腐蚀和磨损。通过选择适用于不同环境的砂浆类型，可以有效修复混凝土表面损伤，提高结构的耐久性和抗腐蚀性。砂浆在工业设备的基础固定和支撑中起到了关键作用。工业设备常常需要在高振动和高负荷的环境下运行，为了保证设备的稳定性和安全性，使用高强度的砂浆进行基础固定是一种常见的做法。通过合理的配合比设计和施工工艺，可以确保砂浆充分填充设备底座，提高设备的整体稳定性和工作效率。工业设备的维护和防护中，砂浆的应用也得到了广泛采用。对于一些受磨损、腐蚀或者高温影响较大的设备部件，采用高耐磨、耐腐蚀性能强的砂浆进行修复和覆盖，可以有效延长设备的使用寿命，提高设备的整体可靠性。在能源领域，砂浆被广泛应用于火电厂、核电厂等能源设施的建设和维护中。砂浆在这些场所主要用于耐高温、耐腐蚀的耐火材料的制作，如耐火砖的黏接、补充。这不仅能够保障设备的正常运行，也对设备的安全性提出了高要求。工业与能源领域中砂浆的应用涵盖了建筑、设备固定、维护等方面。其特性和性能的优越性使其成为工业环境中不可或缺的建筑材料。通过科学合理的配合比设计和施工工艺，能够充分发挥砂浆在工业与能源领域中的作用，提高设备和结构的整体性能和耐久性。

五、特殊砂浆应用和创新技术

高性能砂浆和自修复砂浆在特殊工程中发挥着独特而重要的作用。高性能砂浆以其卓越的强度和耐久性，在特殊工程中得到广泛应用。高抗压性和抗渗透性能使其成为承受极端环境和负载的理想选择。自修复砂浆在面对特殊工程中的微裂缝和损伤时，展现出其自愈合能力，延长了工程结构的寿命。在受到高负载或强烈振动的桥梁和隧道工程中，高性能砂浆被广泛应用于构建强大而耐久的支撑结构。其优越的黏结性能和高抗压强度，使得这类结构能够承受巨大的荷载和恶劣环境的考验，保障了工程的长期安全运行。在海洋工程领域，高性能砂浆的抗渗透性能使其成为海岸防护、码头、海底隧道等工程中的理想选材。这些工程面临着海水侵蚀、潮汐变化和海浪冲击等极端条件，而高性能砂浆的强度和耐久性能能够有效地应对这些挑战，确保工程结构的稳固和持久。自修复砂浆在特殊工程中的应用则主要体现在其对微小裂缝和损伤的主动修复能力上。在核电站、地下储气库等对结构完整性要求极高的工程中，自修复砂浆通过微胶囊内的活性材料，能够在微裂缝出现时主动释放，填充并修复这些细小的损伤，确保了工程结构的长期稳定性和安全性。高性能砂浆和自修复砂浆在航天器、航空器的制造和维护中也发挥着不可替代的作用。这些特殊工程对材料的轻量化、高强度和高耐久性提出了极高的要求，而高性能砂浆以其卓越的性能，成为这些工程中的重要材料。自修复砂浆则能够有效地提高航天器和航空器的结构健康性，延长其使用寿命。高性能砂浆和自修复砂浆在特殊工程中的应用呈现出多方面的优势。它们在承受极端环境、高负载和微小损伤修复方面发挥着独特的作用，为特殊工程的安全、稳定和持久运行提供了可靠的材料支持。在海洋工程和地下工程中，砂浆被广泛应用于防水和支护领域，其独特的性能使其成为这两个领域中的重要材料。在海洋工程中，砂浆的防水应用主要体现在海岸防护结构和海底基础工程中。海岸防护结构需要抵御海浪、潮汐和潮流的侵蚀，因此，常常需要使用防水砂浆来修复和保护海堤、海墙等结构。通过在砂浆中添加防水剂，可以提高砂浆的抗渗透性，增强其在潮湿环境下的耐久性。海底基础工程中，如海底管道、海底隧道等的建设也需要采用防水砂浆进行封闭和防护，以确保在潮汐变化和海水压力下，结构仍然保持良好的防水性能。地下工程中，砂浆的支护应用主要体现在基坑支护、隧道衬砌和地下结构加固等方面。在基坑支护中，砂浆可用于注浆加固，填充基坑周围空隙，增强土体的稳定性。隧道衬砌中，使用高强度、抗压性能良好的砂浆，可以有效防止隧道结构的塌陷和渗水。地下结构加固方面，通过注浆、灌浆等手段，可以灵活运用砂浆来填充和固定地下结构，提高承载能力和稳定性。砂浆在海洋工程和地下工程中的防水和支护应用也表现在岩土工程中。对于地下岩土结构，如坡面、边坡等，使用高性能的砂浆进行喷浆加固，可有效加强岩土体的稳定性，减缓岩石的风化和侵蚀。这种应用方式对于保护地下工程的安全性和稳定性具有重要的作用。砂浆在海洋工程和地下工程中的防水和支护应用是多方面且复杂的。通过充分考虑工程环境、结构特点和砂浆性能，灵活运用砂浆的防水和支护功能，可以有效确保工程的安全性和持久性，满足不同工程的具体需求。砂浆在可持续建筑和绿色建筑领域的创新应用和技术发展方面，展现出了巨大的潜力。在可持续建筑中，砂浆的应用逐渐走向更环保、高效和多功能的方向。砂浆的成分创新是可持续建筑中的一个重要方向。通过减少水泥的使用、采用可再生材料以及引入废弃物再利用的概念，可以显著降低砂浆的环境影响，推动建筑领域朝着更可持续的方向发展。砂浆的能源效益也成为绿色建筑中的创新焦点。采用更加高效的搅拌和施工技术，以及优化的配合比设计，可以降低生产和施工过程中的能耗，提高能源利用效率，从而在可持续建筑中发挥更积极的作用。砂浆的抗渗透和隔热性能的创新也对绿色建筑提出了更高的要求。通过引入新型外加剂，提高砂浆的抗渗透性和隔热性能，有助于建筑结构更好地适应气候变化和降低对能源的依赖。在技术发展方面，砂浆在可持续建筑中的创新主要体现在智能化和数字化方面。通过引入智能传感器和监测系统，对砂浆的施工过程进行实时监测，有助于提高施工质量、减少浪费，从而实现可持续建筑中的资源高效利用。砂浆在可持续建筑和绿色建筑中的创新应用和技术发展取得了显著的进展。通过成分创新、能源效益提升、性能改进以及智能数字化等方面的努力，砂浆正在逐步成为支持可持续建筑发展的重要材料。这一创新对于推动建筑行业朝着更环保、更高效、更可持续的方向迈进具有积极的意义。

第七章　墙体材料和屋面材料

第一节　砌墙砖与砌块

一、基础知识与分类

砌墙砖和砌块作为建筑施工中常见的墙体构建材料，是构筑建筑物的基础组成部分。砌墙砖和砌块在材质和形状上存在显著差异，分别用于不同类型的建筑项目。对于这两种建筑材料，了解其基础知识和分类是非常重要的。砌墙砖是一种常见的建筑用砖块，通常由黏土和水泥等材料制成。砌墙砖的主要特点是规格尺寸相对较小，适用于砌筑墙体。砌墙砖有多种类型，常见的有实心砖、多孔砖和空心砖。实心砖由整块材料构成，结构坚实，适用于承重墙体的搭建。多孔砖因其中空的结构，具有较轻的重量，适用于隔墙等非承重墙体。空心砖则是在砖块内部形成一定的空间，既能减轻重量，又有一定的隔音和保温效果。砌块是一种以混凝土为主要原料的建筑材料，相对于砌墙砖，其规格尺寸较大。砌块在建筑中广泛用于墙体、柱子等构建。砌块有许多种类，最常见的包括普通砌块、多孔砌块和空心砌块。普通砌块由混凝土浆料制成，用于一般墙体的建造。多孔砌块因其内部含有许多小孔，具有较好的保温和隔音效果，适用于需要这些特性的建筑项目。空心砌块是在砌块内形成空洞结构，使其更轻便，适用于大面积墙体搭建，同时也具有一定的保温效果。砌墙砖和砌块的应用也受到施工需求和建筑设计的影响。在一些注重建筑外观的项目中，可能更倾向于选择砌墙砖，以实现更灵活的设计和造型。而对于一些追求结构坚固和承重能力的工程，砌块可能更为适用。在建筑施工过程中，根据实际需求和设计要求合理选择砌墙砖或砌块是至关重要的。砌墙砖和砌块是建筑领域中不可或缺的建筑材料，它们分别具有独特的特点和优势。对于建筑师和施工人员而言，深入了解砌墙砖和砌块的基础知识和分类，是确保工程质量和安全的关键一步。

二、材料特性与选择

砌墙砖和砌块是建筑中常用的墙体材料，它们的材料特性直接影响着建筑物的结构性能和耐久性。砌墙砖主要以黏土为主要成分，其制作过程包括挤压成型和高温烧制，砌墙砖具有较高的抗压强度和耐久性。而砌块则以混凝土为主要原料，其制作过程涉及水泥、沙子和石子等材料的混合，通过振动成型和养护达到所需的强度和耐久性。砌墙砖的主要特点在于其吸水性较低，在湿润环境中表现出色。砌墙砖的表面较为平整，便于施工和装饰。砌墙砖在抗风压性能方面相对较弱，因此在选用时需要根据具体建筑要求和环境条件进行考虑。砌块在抗风压性能上相对较强，这使得其在高层建筑和地震多发区的应用更为广泛。砌块的制作过程中采用混凝土，使其具有较高的强度和稳定性。砌块的吸水性相对较高，因此在湿润环境中可能需要额外的防水处理。在材料选择上，需要根据具体建筑需求和环境条件来确定使用砌墙砖还是砌块。对于需要较高抗风压性能和在湿润环境中的建筑，砌块可能更为适合。而对于一些对墙体平整度和外观要求较高的建筑，砌墙砖则可能更符合设计需求。除了结构性能，砌墙砖和砌块的保温性能也是选择时需要考虑的因素之一。砌墙砖由于其较低的导热系数，可能在一定程度上具有较好的保温性能。而砌块由于混凝土的导热性相对较高，可能需要额外的保温处理。砌墙砖和砌块各有优势和劣势，合理的选择需要综合考虑建筑物的结构要求、环境条件以及设计需求。这样的综合考虑可以确保选择的材料在实际应用中发挥最佳的性能。

三、砌墙砖与砌块的施工工艺

砌墙砖和砌块的施工工艺是建筑过程中至关重要的一环。在建筑结构的构建中，砌墙砖和砌块通常用于墙体的组建，施工工艺的合理性直接关系到建筑的稳定性和耐久性。在进行砌墙砖和砌块的施工时，首先需要考虑的是基底的准备工作。确保墙体基底平整、牢固是施工的第一步。通常，施工人员会使用水平仪、测量工具等设备来保证基底的水平度和垂直度，以确保后续砌墙砖或砌块的质量。施工人员需要将砌墙砖或砌块按照设计要求摆放在基底上。这一过程需要精确的测量和布局，以确保每块砌墙砖或砌块之间的间距一致，并符合设计要求。在摆放砖块时，施工人员通常会使用专业工具如橡皮锤、刷子等，以确保每块砖砌墙或砌块的位置准确。在摆放好砖块后，施工人员会进行砖缝的处理。这包括混凝土浆料的涂抹和填充，以增强墙体的稳定性和连接性。混凝土浆料不仅能填充砖缝，还能提高墙体的整体强度，确保建筑的牢固性。墙体施工过程中需要关注的一个重要环节是搭建脚手架。搭建脚手架是为了确保施工人员能够安全、高效地进行工作。脚手架的搭建需要考虑到工作高度、施工现场的特殊情况等因素，以确保脚手架的稳定性和安全性。施工过程中，墙体的垂直度也是一个至关重要的考虑因素。使用水平仪等工具进行定期检测，确保墙体在施工过程中保持垂直，这对于整体建筑结构的稳定性至关重要。施工完成后，对墙体进行检查和修整。包括检查墙体是否垂直、水平，以及表面是否平整。任何不符合要求的部分都需要进行修整，以确保墙体的质量和外观达到设计要求。砌墙砖和砌块的施工工艺是一个复杂而细致的过程，需要施工人员具备一定的专业知识和技能。通过严谨的施工工艺，可以保证建筑结构的稳定性和耐久性，确保整个建筑工程的质量和安全。

四、墙体结构设计与质量控制

墙体结构的设计与质量控制是建筑工程中的关键环节。设计方面需考虑到墙体的荷载承受能力、稳定性和耐久性，合理布局结构以确保整体均衡。质量控制方面涉及施工工艺和材料的选择，以确保墙体结构的稳定性和安全性。墙体结构的设计需要综合考虑不同荷载的作用，如垂直荷载、水平荷载等。结构设计应考虑墙体的形状、厚度和材料的选择，以满足设计要求。在设计中，墙体结构的稳定性是至关重要的考虑因素。采用合理的结构形式和增加墙体的抗侧推性能可以提高整体的稳定性。对于高层建筑，墙体的纵向和横向配筋应合理设计，以确保结构的整体强度。墙体结构的耐久性也是设计的重要考虑因素。考虑到墙体可能面临的各种环境条件，设计中需选择耐久性好的材料，并采取合适的防水、防潮和防腐措施。墙体的施工工艺也需要保证墙体内部没有空鼓、裂缝等缺陷，以确保墙体结构的完整性和稳定性。在质量控制方面，施工过程中需对墙体结构的每个环节进行严格监控。材料的选用应符合设计要求，且需要保证施工工艺的规范和施工人员的技术水平。对于墙体的混凝土浇筑，需确保浇筑的质量，防止产生裂缝和空鼓。对于墙体结构的质量控制还需要考虑可能出现的变形和缝隙问题。对于这些问题，需要采取相应的加固和修复措施，以确保墙体结构的整体性能。施工中也需要注意施工现场的环境条件，如温度、湿度等因素，以避免对墙体结构产生不利影响。墙体结构的设计与质量控制是建筑工程中不可忽视的环节。通过科学合理的设计和严格的质量控制，可以确保墙体结构的稳定性、安全性和耐久性，为建筑物的长期使用提供可靠的支持。

五、砌墙砖与砌块在不同工程中的应用

砌墙砖和砌块作为建筑材料，在不同的工程中有着广泛的应用。在建筑结构、外墙、内墙等方面发挥着各自独特的优势。在建筑结构方面，砌块常被广泛应用于构建承重墙体。由于砌块的较大尺寸和相对均匀的重量分布，使其适用于承受建筑整体荷载的任务。砌块的使用在高层建筑和大型工业建筑中较为常见，确保了建筑结构的牢固性和稳定性。而在外墙的砌筑方面，砌墙砖通常更为受欢迎。砌墙砖的小尺寸和丰富的颜色选择，使

得其更适合进行装饰性的外墙构建。通过不同形状和颜色的砌墙砖的搭配，可以实现多样化的建筑外观设计，增强建筑的美感和艺术性。在内墙构建中，砌块和砌墙砖也各自有其应用的场景。砌块的较大尺寸和整齐的结构使其更适合构建承重内墙，如厂房、仓库等工业建筑。而砌墙砖则更常用于轻质隔墙的建造，如办公室、住宅等，其小巧的规格方便了内墙的布局和装修。在一些特殊环境中，如需要隔音、保温等特殊性能的工程，砌块和砌墙砖也有着不同的应用。多孔砌块因其内部孔隙结构能够有效隔音，在音响工程、录音室等对声音要求较高的场合中得到广泛应用。而空心砌墙砖则因其内部的空腔结构，有利于保温，在寒冷地区或对保温性能要求较高的建筑工程中使用较多。砌墙砖和砌块在不同的工程中发挥着各自独特的优势。通过合理的选择和应用，它们为建筑工程提供了丰富的设计和施工方案，确保了建筑物在结构、外观和性能上都能够满足不同工程的需求。在实际的建筑工程中，根据工程的具体要求和设计目标，科学合理地选择砌墙砖或砌块，是确保工程质量和性能的重要一环。

第二节　墙用板材

一、材料选择与性能

在选择用于墙体的板材时，关键因素之一是材料的性能。不同的板材材料具有独特的物理和力学性能，这直接影响着墙体的结构性能和整体质量。板材的抗压强度是一个重要的性能指标，直接关系到墙体的承载能力。抗压强度越高，墙体在承受垂直荷载时的稳定性就越强。板材的抗弯强度也是一个关键性能参数，直接影响着墙体在受到水平荷载时的稳定性。抗弯强度越大，墙体的抗侧推性能越强。板材的吸水性和防潮性是关乎墙体的耐久性的重要考虑因素。低吸水性和良好的防潮性可以防止板材因潮湿引起的膨胀和变形，保持墙体的结构完整性。板材的导热性能也需被充分考虑。优异的导热性能有助于提高墙体的保温性能，减少能源消耗。板材的重量也是一个需要谨慎考虑的因素。过重的板材可能增加墙体的自重，对建筑结构造成不利影响，因此在选择板材时，需要在轻量化和结构强度之间取得平衡。通过综合考虑抗压强度、抗弯强度、吸水性、防潮性、导热性和重量等性能参数，可以选择合适的板材，以确保墙体具备足够的结构稳定性、耐久性和保温性能。这样的选择能够有效地满足建筑物的使用需求，并保障墙体的长期稳定性。

二、施工与连接技术

在建筑施工中，墙用板材是一种常见的建筑材料，广泛应用于墙体的搭建和构造。墙用板材的施工与连接技术是确保建筑结构稳固和牢固的关键，需要仔细考虑和精心实施。在进行墙用板材施工时，首先需要对基底进行适当的准备工作。基底的平整和牢固对于板材的稳定性至关重要。使用水平仪和测量工具等设备，施工人员可以确保基底的水平度和垂直度，以保证后续板材的安装质量。接下来，施工人员需要将墙用板材安装在基底上。这个过程需要精确的测量和布局，以确保每块板材之间的间距一致，并符合设计要求。在板材安装的过程中，使用专业工具如电钻、螺丝刀等，确保板材能够被牢固地连接到基底上，提高墙体的整体稳定性。连接技术在墙用板材的施工中占有重要地位。适当的连接方式可以有效增强板材之间的连接强度，提高整体结构的抗风、抗震能力。在连接板材时，使用合适的螺丝、螺母等连接件，确保连接的稳固性和可靠性。选用适当的连接方式，如搭接、镶嵌等，也能够提高连接的密封性和美观性。墙用板材的施工过程中还需要注意材料的选择。不同类型的板材具有不同的特性，包括但不限于耐火性、防水性、保温性等。在选择材料时，需要充分考虑项目的具体要求和环境条件，以确保板材能够满足工程的实际需求。在连接技术方面，墙用板材通常采用榫卯、搭接、接缝胶等方式，以确保板材之间的连接稳固且紧密。这些连接技术不仅能够提高结构的整体强度，还能够防止板材之间的位移和裂缝。墙用板材的施工与连接技术是建筑施工中至关重要的一环。通过合理选择材料、精心施工和适当连接，可以确保墙体结构的稳定性和耐久性。施工人员需要根据具体工程要求，灵活运用技术手段，以保证墙用板材的安全可靠，满足建筑工程的需要。

三、保温与隔热性能

在选择用于墙体的保温板材时，需关注其性能特点。保温板材的导热性能是一个至关重要的因素。低导热性能有助于提高墙体的隔热效果，减少能源消耗。保温板材的耐久性和抗老化性能也是重要考虑因素。抗老化性能好的保温板材可以确保其在长时间内保持稳定的保温性能，延长墙体的使用寿命。保温板材的防潮性和吸水性需得到重视，以防止潮湿环境引起的结构损害和保温性能下降。保温板材的施工工艺和适应性也是选择的关键因素。施工工艺简便、适应性强的保温板材有助于提高工程的施工效率，并确保施工过程中的质量。保温板材的轻量化设计有助于减轻墙体的自重，对建筑结构造成较小的负担。经济性也是选择保温板材的重要考虑因素之一。在保证性能的前提下，选择价格适中的保温板材可以有效控制工程成本，提高建筑项目的经济效益。保温板材在墙体应用中发挥着重要的作用。通过综合考虑导热性能、耐久性、防潮性、施工工艺、轻量化设计和经济性等因素，可以选择适合具体需求的保温板材，以提高墙体的保温效果、稳定性和经济性。这样的选择有助于确保建筑物在各种环境条件下，具备良好的保温性能，为其长期稳定运行提供有效支持。在建筑设计中，隔热是一个至关重要的考虑因素，特别是在墙体构建中。墙用板材的隔热设计是为了降低建筑内外温差，提高室内环境的舒适度，减少能源的浪费。隔热设计旨在创造一个有效的热屏障，防止外部环境的热量传导到室内，同时减少内部热量的散失。在隔热设计中，材料的选择是关键一环。墙用板材通常采用具有优异隔热性能的材料，如聚苯板、岩棉板、泡沫玻璃板等。这些材料具有较低的导热系数，能够有效隔绝热量传导，减缓墙体的热传输速度。除了材料的选择，隔热设计中的层次结构也需要仔细考虑。多层墙体结构中，通过设置隔热层和隔热膜等，形成隔热层次，进一步提高墙体的隔热性能。这样的设计能够有效地减少热量的传递，确保室内温度的稳定性。在隔热设计中，封闭的结构和无缝的连接也是至关重要的。任何缝隙或漏洞都可能导致热量的泄漏，降低隔热效果。在施工过程中，需要确保墙用板材之间的连接紧密，同时使用密封胶等材料填充潜在的漏洞，以保障整体结构的封闭性。考虑到夏季高温的情况，隔热设计也需要综合考虑降温效果。例如，通过设置通风层，采用透光材料等方式，促进墙体热量的散发，降低夏季室内温度，提高墙体的隔热性能。墙用板材的隔热设计是建筑工程中的一项关键任务。通过选择合适的隔热材料，合理设置层次结构，确保结构的封闭性和连接的紧密性，可以有效提高墙体的隔热性能。这不仅有助于提高室内舒适度，还能够减少能源的浪费，实现建筑能效的提升。在实际的建筑设计中，隔热设计的合理实施是确保墙用板材发挥最佳性能的关键。

四、防水与防潮处理

在墙体材料的选择中，防水技术是一个至关重要的考虑因素。墙用板材作为墙体的主要构成部分之一，防水性能直接关系到建筑物的结构稳定性和持久性。防水板材的选择需要考虑其表面涂层的特性。具有良好防水性能的表面涂层能有效阻隔水分渗透，提高墙体的抗渗透性。板材的材料也是影响防水性能的重要因素。防水性能好的材料通常具有较低的吸水率和较好的防潮性，能够有效减缓板材的水分渗透。板材的连接方式也是防水设计中需要关注的一点。合理的板材连接设计可以减少接缝处的水分渗透，提高整体防水性能。在施工工艺上，采用有效的密封和黏结技术也是确保防水效果的关键。适当的密封处理和胶水使用有助于减少板材之间的缝隙，提高整体的防水性能。对于板材的切割和定型处理也需采取防水措施，以防止切割处和边缘成为潜在的水分渗透点。防水板材的施工过程中，还需要注意环境因素的影响，如温度和湿度。在不利的施工环境下，可能需要采取额外的保护措施，以确保板材不受潮湿和污染。防水技术在墙用板材的选择和施工中具有关键作用。通过细致入微的表面涂层设计、材料选择、连接方式和施工工艺，可以有效提高墙用板材的防水性能，确保墙体结构的稳定性和耐久性。这样的综合防水措施有助于建筑物在多种环境条件下维持优越的防水性能，提高其整体质量和寿命。在墙用板材的设计和施工过程中，防潮是一项至关重要的考虑因素。有效的防潮措施可以阻止湿气渗透和水分侵入，从而保护墙体结构，延长墙板的使用寿命，提高建筑的稳定性和耐久性。材料的选择对于防潮至关重要。墙用板材的材料需要具备一定的防水性能，例如，采用防水型的胶合板、水泥纤维板等材质。这些材料能够有效防止水分的渗透，减缓湿气对墙体的侵害。墙用板材的涂层也是防潮措施的重要一环。选择具有优异防水性能的涂层材料，如油漆、防水涂料等，能够有效地防止水分渗透到墙体内部。涂层的均匀涂抹和密封性的确保对防潮效果的提高至关重要。在墙体的设计中，充分考虑排水系统，是防潮的关键一步。合理设计排水系统，确保雨水能够顺利流出，避免在墙体表面停留。这有助于降低墙体受潮的风险，减少水分对墙板的侵害。在施工过程中，密封接缝是一项关键的任务。合理使用防水胶、密封胶等材料，对墙板之间的接缝进行有效封闭，可以有效地防止水分渗透。确保施工中的严密性，防止漏水点的产生，有助于提高墙用板材的整体防潮性能。考虑到环境因素，特别是在潮湿地区，适当的通风也是防潮的重要手段。通过合理设置通风口，促进墙体内外的空气流通，减少湿气在墙体内部的积聚，降低潮湿对墙板的影响。墙用板材的防潮措施是建筑工程中不可忽视的一部分。通过选用合适的材料、涂层、设计排水系统、密封接缝和通风等手段，可以有效提高墙用板材的防潮性能。有助于保护建筑结构，延长墙板的使用寿命，还能够减少维修和维护的成本，确保建筑在潮湿环境下的长期稳定性。在实际的建筑工程中，防潮措施的合理实施是保障墙用板材性能的关键。

五、装饰与表面处理

墙用板材的表面装饰是影响建筑外观和室内环境的重要方面。表面装饰应注重材料的选择。不同的板材材料具有独特的纹理和质感，因此在选择时需要综合考虑建筑设计的风格和要求。颜色是表面装饰的关键因素之一。合适的颜色选择不仅与整体建筑风格相协调，还能够在一定程度上影响室内的光线和氛围。对表面材料的处理也是影响装饰效果的关键。采用不同的处理方式，如磨砂、喷涂、印刷等，可以赋予板材不同的质感和视觉效果。在表面处理的过程中，还需考虑材料的耐磨性和耐污性，以确保长时间的使用且不影响其美观性。表面装饰还需要考虑与周围环境的协调性。对于室内环境，装饰应与家具、灯具等元素相协调，形成整体和谐的氛围。对于室外装饰，需考虑与周围建筑、自然环境的协调，使建筑物融入周围环境中。表面装饰还需考虑材料的可维护性。易清洁和维护的表面能够延长板材的使用寿命，并保持其良好的装饰效果。表面装饰需要综合考虑成本因素。在选择表面装饰材料时，需在满足设计要求的前提下，合理控制成本，确保装饰效果和经济性的平衡。墙用板材的表面装饰是建筑装饰设计中至关重要的一环。通过精心的材料选择、颜色搭配、表面处理和与周围环境的协调，可以实现建筑物外观的美观和室内环境的舒适，为建筑注入独特的艺术魅力。表面装饰设计能够满足人们对建筑美感的需求，提升建筑品质，为建筑物增添独特的视觉吸引力。墙用板材的防火涂层是建筑工程中至关重要的一环。防火设计旨在提高建筑结构的火灾安全性，降低火灾对墙体的损害，确保建筑及其内部设施在火灾发生时的可控性和可防性。防火涂层的选择至关重要。墙用板材需要采用具有良好防火性能的材料，如阻燃剂、耐火涂料等。在火灾发生时形成一层保护层，有效隔离火源，减缓火势蔓延的速度。防火涂层的施工均匀性对其防火效果至关重要。涂层施工的均匀性和密实性直接影响着其在火灾中的表现。施工过程中需要注意涂层的厚度和覆盖面积，确保涂层能够充分覆盖墙体表面，形成均匀的防火保护层。防火涂层的耐久性也是需要考虑的因素之一。由于建筑材料长期暴露在外部环境中，防火涂层需要具备一定的耐候性，以确保其在长时间内能够维持稳定的防火性能。在材料选择和施工过程中，需要考虑涂层的耐久性和抗老化性能。在防火涂层的设计中，合理设置防火分区也是非常关键的。通过划定不同的防火分区，可以在火灾发生时有效地控制火势的蔓延，降低火灾对整体建筑结构的影响。在涂层的选择和施工中，需要根据建筑的设计要求和实际情况，科学合理地设置防火分区。防火涂层需要与其他建筑材料和系统协同工作。防火涂层与防火门、防火窗等配合，形成整体的防火系统，提高建筑的整体防火性能。在设计和施工过程中，需要综合考虑各个环节，确保防火涂层与其他系统协同作用，形成更为完善的防火防护体系。墙用板材的防火涂层设计是建筑工程中不可忽视的一部分。通过合理选择防火涂层材料、确保施工均匀性、考虑耐久性、合理设置防火分区以及与其他系统的协同作用，可以有效提高墙体的防火性能，降低火灾风险，保障建筑结构的安全性和可靠性。在实际的建筑工程中，防火涂层设计的科学实施是确保墙用板材防火性能的关键。

第三节　屋面材料

一、屋面材料的种类与特性

屋面材料的种类繁多，直接影响着建筑物的防水性能、耐久性和整体外观。一种常见的屋面材料是瓦片，其主要特点在于抗风、防水、隔热、耐久等方面。金属屋面是另一种常用的选择，其优势在于轻质、抗腐蚀、易于安装和维护。屋面板材是一类由聚合物、玻璃纤维等材料制成的板状材料，具有轻质、耐候性强、施工方便等特点。沥青卷材屋面则是通过沥青材料制成的卷状屋面覆盖材料，适用于平屋面和坡屋面。聚氨酯屋面材料以其轻质、隔热、隔音的特性，常用于屋面保温和防水。绿色屋面则是一种以植被为覆盖物的屋面，其特性包括保温、吸收雨水、降低城市热岛效应等。除了以上几种屋面材料，还有一些新型材料在屋面应用中逐渐崭露头角。例如，光伏屋面材料集成了太阳能电池板，可以实现能源的收集和利用。玻璃屋面则在建筑设计中常用于创造通透、采光良好的室内环境。屋面陶瓷瓦是一种经久耐用、色彩多样的材料，适用于各种建筑风格。不同的屋面材料具有各自的特性，选择合适的屋面材料需要综合考虑建筑设计要求、环境条件、成本以及施工方便性等因素。不同的材料在不同的应用场景中有其独到之处，而科技的发展也为屋面材料的创新提供了更多可能性。在选择屋面材料时，需要根据具体的建筑需求和环境特点，合理选择适用的材料，以确保建筑物在防水、保温、通风等方面具备良好的性能表现。

二、屋面结构与施工技术

材料屋面结构设计是建筑工程中的重要环节之一。在屋面结构设计中，选择合适的材料至关重要。对于材料的选择，需要考虑其耐候性、强度、轻重、保温性、防水性等性能。透过对材料性能的全面评估，才能确保屋面结构在各种环境条件下都能够稳定、安全地发挥作用。屋面结构的设计还需要充分考虑建筑的使用功能。例如，对于居住建筑，屋面结构设计可能需要考虑到居住者的舒适性和采光需求。对于工业建筑，可能需要考虑到屋面的承重能力和适应特殊工艺的能力。在进行屋面结构设计时，需要根据建筑的用途和功能，灵活选择适合的材料。屋面结构设计也需要兼顾建筑的整体美观性。通过选择具有良好外观效果的材料，可以使整个建筑呈现出更为协调和吸引人的外观。这不仅关系到建筑的美观性，也与建筑的整体风格和环境融合性密切相关。屋面结构设计中，考虑到施工的可行性也是至关重要的。选择易加工、易安装的材料，有助于提高屋面施工效率，降低工程成本。在考虑材料的使用性能时，也要注重其加工和安装的方便程度。防水是屋面结构设计中一个极其重要的方面。选用具有卓越防水性能的材料，如聚合物涂料、橡胶屋面材料等，以确保屋面在降雨等恶劣天气条件下不受侵蚀，保持建筑结构的稳定性。在屋面结构设计中，考虑到材料的维护和保养也是必不可少的。选择能够抵御自然风化、紫外线辐射的材料，可以降低结构的日常维护成本，延长屋面结构的使用寿命。材料屋面结构设计需要在多个方面进行全面考虑。通过对材料性能、建筑功能、美观性、可施工性、防水性、维护保养等因素的深入研究，可以确保屋面结构在不同条件下都能够稳定、安全、美观地发挥作用。在实际的建筑工程中，科学合理的材料屋面结构设计是确保建筑质量和稳定性的重要保障。屋面材料的安装技术是确保建筑物屋面结构稳定性和防水性能的关键环节。安装前，需要对屋面结构进行全面检查，确保其承载能力和平整度符合要求。在安装过程中，需要合理设置支撑和脚手架，保证施工人员的安全。屋面材料的安装通常从屋面底层开始，逐层逐步向上进行。在安装之前，需要在屋面结构上设置防水层，确保在屋面材料安装完成后形成有效的防水屏障。对于金属屋面材料，安装时需要注意板与板之间的连接，通常采用螺栓或焊接的方式确保牢固。

对于沥青卷材屋面，需要采用热熔法或冷粘法进行粘贴，以确保卷材与屋面结构紧密贴合。屋面板材的安装通常需要考虑搭接和密封，以防止雨水渗透。屋面材料的安装需要施工人员具备专业技能，熟悉各类材料的安装方法。在安装过程中，需要采取严格的质量控制措施，确保每一步操作的准确性和牢固性。对于大型屋面结构，可能需要采用机械设备进行材料的搬运和安装，提高施工效率。屋面材料的安装还需要考虑气候因素，避免在恶劣天气条件下施工，以确保安装质量。在屋面材料安装完成后，还需要进行全面的检查和测试，以确保屋面的防水性能、稳定性和整体外观符合设计要求。对于可能存在的问题，及时进行修复和调整。屋面材料的安装不仅仅是一项技术性的任务，更需要施工团队的协同作业和良好沟通，以确保整个安装过程的顺利进行。这样的细致和专业能够有效保障建筑物的屋面结构的长期稳定和防水性能。

三、防水与排水设计

屋面结构中的排水系统是确保建筑物屋面排水畅通的重要组成部分。在设计阶段，需要充分考虑建筑的地理位置、气候条件以及屋面形状等因素，以合理设计排水系统。排水系统主要包括屋面坡度设计、排水设施和雨水管道。屋面坡度的设计对于排水系统至关重要。通过合理设计屋面的坡度，可以使雨水迅速排出，防止积水和漏水。不同地区的降雨量和降雨频率不同，需要根据实际情况调整屋面坡度，以确保排水系统的高效运作。排水设施包括排水槽、排水板等，其设计需要考虑水流的顺畅性和设施的耐久性。合理设置排水槽和排水板，有助于集中引导雨水，减少水流的阻力，提高排水效率。排水设施的选材和防腐处理也是确保其长期使用的重要因素。雨水管道是排水系统中的另一个关键组成部分。合理设置雨水管道的位置和数量，确保其直径足够大，能够迅速、稳定地排水。雨水管道的连接方式需要紧固可靠，防止漏水和腐蚀。雨水管道的斜度也是排水系统设计中需要考虑的因素，以确保雨水能够顺畅地流向下水道或收集设施。在实际施工中，排水系统的安装需要严格按照设计要求进行。施工人员需要熟练掌握安装技术，确保排水设施和雨水管道的正确连接和定位。施工过程中需要注意排水设施和雨水管道的防水处理，以免发生漏水现象。排水系统在屋面结构中的作用不可忽视。通过合理设计屋面坡度、选择合适的排水设施和雨水管道，以及在施工中严格按照设计要求进行安装，可以确保排水系统的高效运作，有效预防屋面积水和漏水问题，提高建筑物屋面的稳定性和耐久性。这样的设计和施工手段有助于建筑物在各种气候条件下保持良好的排水性能。防水层材料在屋面结构中扮演着至关重要的角色，其选用和应用直接关系到建筑物的结构安全和使用寿命。在选择防水层材料时，首先需要关注材料的耐候性和防水性能。具有卓越耐候性的材料能够抵御外部环境的侵蚀，保持长期稳定的防水效果。防水层材料的抗拉强度也是一个重要的考虑因素。高抗拉强度的材料能够有效抵抗外部应力的影响，确保防水层在受到外部压力或拉伸时不易破裂，提高屋面结构的整体稳定性。防水层材料的柔韧性同样是设计中需要关注的重点。柔软的防水层能够更好地适应建筑结构的变形，如温度变化引起的收缩和膨胀，减少因结构运动而导致的裂缝和渗漏问题。在材料的选择方面，聚合物涂料、橡胶屋面材料等被广泛应用于防水层。这些材料具有优异的弹性和耐候性，能够有效隔离水分渗透，确保屋面结构在各种天气条件下都能够保持干燥。防水层的施工技术也是影响其性能的关键因素之一。采用专业的施工技术，确保防水层材料的均匀覆盖和紧密贴合，有助于提高防水层的整体性能。密封胶的使用、接缝处理以及施工工艺的规范执行，都是保障防水效果的关键步骤。考虑到屋面结构的维护和修复，防水层材料的耐老化性也是需要综合考虑的因素。选择具有长期稳定性和抗老化性的材料，有助于降低结构的日常维护成本，延长屋面结构的使用寿命。防水层材料的选择和应用对于屋面结构的保护至关重要。通过综合考虑材料的耐候性、抗拉强度、柔韧性、施工技术以及耐老化性等因素，可以确保防水层在不同环境和使用条件下都能够发挥良好的防水效果，保障建筑结构的稳定性和持久性。在实际的建筑工程中，科学合理的防水层材料选用和施工是确保建筑屋面结构质量的重要保障。

四、保温与隔热设计

在选择屋面保温材料时，需要综合考虑多个因素以确保建筑的保温性能。保温材料的导热系数是一个关键参数。较低的导热系数表示材料在传导热量时的阻力较大，有助于提高屋面的保温效果。保温材料的密度也是一个重要考虑因素。适度的密度既能提供足够的保温效果，又能保证屋面结构的轻量化，减轻自重对建筑结构的负担。材料的水分吸收率也是需要考虑的因素之一。低吸水率的保温材料有助于避免湿气渗透，保持保温效果，同时提高建筑结构的耐久性。保温材料的耐火性和抗老化性能也是重要的选择指标。耐火性好的材料能够提高建筑的火灾安全性，抗老化性能好的材料能够确保长期使用不出现性能下降。对于可燃材料，需要考虑采取相应的防火措施确保建筑安全。保温材料的施工性能也是一个需要关注的方面。易施工、能够适应各种施工环境的材料有助于提高施工效率，降低工程成本。保温材料的成本也是需要考虑的重要因素。在满足性能要求的前提下，选择经济实用的保温材料有助于控制工程成本，提高建筑项目的经济效益。保温材料的选择是一个需要充分考虑多方面因素的复杂问题。通过综合考虑导热系数、密度、吸水率、耐火性、抗老化性能、施工性能和成本等因素，可以选择适合具体建筑需求的保温材料，以确保建筑在不同气候条件下保持良好的保温性能。这样的综合考虑有助于提高建筑的能源效益，减少对外部环境的能源依赖，为可持续建筑提供有力支持。屋面结构的隔热设计对于建筑物的舒适性和能效性有着重要的影响。在隔热设计时，首先需要充分考虑材料的热导率。选择热导率较低的隔热材料，如聚苯板、岩棉板等，能够有效减缓热量的传导，提高屋面结构的隔热性能。屋面结构的隔热设计也需要关注材料的厚度。增加隔热材料的厚度可以有效提高隔热性能，减少热量的传递。

在增加材料厚度时，也需要综合考虑结构的承载能力和建筑高度，以确保结构的稳定性。屋面结构的隔热设计中，采用适当的反射性材料也是一个值得注意的方面。选择具有较高太阳反射率和辐射发射率的材料，可以减少太阳辐射的吸收，有效降低屋面温度，提高隔热效果。在隔热设计中，考虑到气密性也是一个关键的因素。通过合理设置屋面结构的气密层，可以减少热气流的流失，提高隔热性能。密封层的施工质量对于防止空气渗透和热量损失至关重要。屋面结构的隔热设计还需要综合考虑夏季和冬季的气候条件。采用季节性调整的隔热设计，可以在不同季节下实现更好的隔热效果。例如，在冬季可以采取保温层增加的方式，而在夏季可以通过通风和散热设计来降低室内温度。屋面结构的颜色也对隔热性能有一定影响。采用较浅的颜色能够减少热吸收，有助于提高屋面的反射性，降低表面温度，减缓热量的传导。屋面结构的隔热设计是一个综合性的工程，需要考虑材料的热导率、厚度、反射性能、气密性、气候条件、颜色等因素。通过科学合理的隔热设计，可以有效提高建筑的能效性，创造更为舒适和节能的室内环境。在实际建筑工程中，综合考虑各项因素，制订合理的隔热设计方案，是确保屋面结构具有隔热性能的重要保障。

五、维护与修复

维护与修复屋面结构是确保建筑物长期稳定运行和延长使用寿命的必要工作。在进行维护工作时，定期检查屋面的状况是关键的一步。包括检查屋面覆盖材料的破损情况、排水系统的畅通性，以及屋面结构的整体稳定性。通过定期巡检，可以及早发现潜在问题，采取相应的维护措施，避免问题进一步恶化。维护工作还包括清理屋面表面的杂物和积水，以确保屋面能够有效排水，防止积水对屋面结构造成损害。清理屋面周围的树叶和枝叶，防止它们堵塞排水系统，是维护工作中的一项重要任务。当屋面结构出现损坏或老化时，需要进行及时的修复工作。修复工作首先需要检查，了解损坏的原因和程度。根据损坏情况选择合适的修复方法。对于屋面覆盖材料的破损，可以采取修补或更换的方式进行修复。对于排水系统的故障，可能需要清理管道或更换损坏的部分。屋面结构的损坏可能需要进行加固或替换受损部分。在进行修复工作时，需要确保所选用的修复材料与原材料相匹配，以保持屋面整体的外观和性能。修复工作需要有经验的施工人员进行操作，以确保修复工作的质量和稳定性。维护与修复屋面结构也需要考虑气候条件的影响。在气候条件较差的时候，可能需要采取额外的保护措施，确保维护与修复工作的顺利进行。维护与修复工作还需要注重安全性，施工人员需要采取相应的安全措施，防止发生意外事故。维护与修复屋面结构是建筑物管理的重要组成部分。通过定期维护和及时修复，可以延长屋面结构的使用寿命，保障建筑物的稳定性和耐久性。这样的维护工作有助于减少维修成本，提高建筑物的整体质量，确保其在各种环境条件下能够持续稳定运行。

第八章　金属材料

第一节　土木工程钢材的基本知识

一、钢材的种类与标准

钢材作为一种广泛应用于建筑、制造和其他领域的重要材料，具有多种不同的种类和标准，这对于满足不同工程需求和确保建筑结构的质量至关重要。碳素结构钢是最常见的一类钢材，其主要成分是碳、锰和少量的硅、磷和硫。这类钢材具有良好的可焊性、强度和塑性，常用于建筑结构、桥梁和机械制造等领域。其标准一般遵循国家或地区的建筑标准，如中国 GB 标准、美国 ASTM 标准等。合金结构钢是另一类常见的钢材，其加入了一定比例的合金元素，如铬、镍、钼等，以提高钢材的强度、硬度和耐腐蚀性。这类钢材常用于高强度的结构和特殊工程，其标准也通常符合国际性的标准，如 ASTM、EN 等。不锈钢是一类特殊的合金钢，主要包含铁、铬、镍等元素，具有抗腐蚀性、耐高温性和良好的机械性能。不锈钢广泛应用于厨具、化工设备、医疗器械等领域。其标准常见的有 ASTM、JIS 等。焊接结构钢是一种专为焊接工艺设计的钢材，其化学成分和机械性能经过精确控制，以保证焊接质量。这类钢材通常符合相关的国家或地区的焊接标准，如 AWS 标准、ISO 标准等。热轧和冷轧板材是两种不同加工工艺的钢材。热轧板材是通过高温轧制工艺制成的，具有较粗糙的表面，通常用于一些不对表面要求较高的结构，如桥梁、建筑等。而冷轧板材则通过冷轧工艺，表面较为光滑，常用于一些对表面平整度要求较高的领域，如汽车制造、家电等。高强度低合金钢（HSLA）是一类强度较高的结构钢，其强度常常超过普通碳素结构钢，适用于要求高强度和较轻结构的场合。这类钢材通常符合 ASTM、A572 等标准。钢材的种类和标准多种多样，根据不同的工程需求和使用环境，选择合适的钢材种类和标准至关重要。各类钢材都在不同领域发挥着重要作用，通过科学合理的选择和应用，可以确保建筑结构的牢固性、耐久性和安全性。

二、钢材的力学性能

在土木工程领域，钢材作为一种重要的结构材料，其力学性能直接关系到工程结构的稳定性和安全性。弹性模量是描述钢材刚度的一个重要参数。弹性模量越大，表示钢材在受力时的变形越小，结构变形能力越强。屈服强度是指在钢材开始产生塑性变形之前的最大应力。高屈服强度意味着钢材具有较好的抗压性能，有助于减小结构变形。再者，抗拉强度是衡量钢材抗拉能力的指标，对于受拉应力较大的结构部位尤为关键。延伸率和断面收缩率是描述钢材延展性和塑性的参数，反映了材料在发生变形时的能力。好的延展性和塑性有助于提高钢结构在弯曲和变形过程中的韧性。除了静态力学性能外，钢材的疲劳性能也是土木工程中需要关注的重要方面。疲劳性能描述了材料在循环加载下的抗疲劳能力，这对于工程结构遇到的反复交变载荷非常重要。钢材的疲劳性能直接关系到结构的寿命和安全性。在实际工程中，考虑到钢材可能面临的高温或低温环境，其温度依赖性也是一个需要注意的问题。温度的变化会显著影响钢材的力学性能，因此在设计和使用中需要充分考虑温度因素。钢材的力学性能对土木工程中的结构设计和安全性有着重要的影响。合理选择钢材，并充分了解其静态和动态性能，有助于确保工程结构在复杂的外部力作用下能够稳定、安全地运行。这对于提高建筑物的整体质量、降低维护成本以及增加结构寿命都具有重要的意义。

三、钢材的耐腐蚀性能

不锈钢作为一种特殊的金属材料，在土木工程中具有广泛的应用。抗腐蚀性、耐高温性和机械性能使其成为一种理想的建筑材料。不锈钢在土木工程中的应用包括结构构件、管道系统、桥梁、隔离墙和其他建筑元素。在结构构件方面，不锈钢的高强度和抗腐蚀性使其成为耐久结构的理想选择。不锈钢结构不容易受到大气、水和化学介质的侵蚀，因此在潮湿环境或化工厂房等有腐蚀性的场所广泛应用。其优异的机械性能也能够满足结构的承载需求。在管道系统中，不锈钢的耐腐蚀性和耐高温性成为其应用的关键特性。不锈钢管道广泛用于输送各种流体，包括水、化学品和油料。其抗腐蚀性保证了管道系统的长期稳定运行，耐高温性能适用于高温环境下的工业工程。桥梁工程中，不锈钢的轻质和耐腐蚀性成为其重要的优势。不锈钢桥梁具有较长的使用寿命，无须频繁地维护和保养。其美观也为城市景观提供了一道亮丽的风景线。在隔离墙的应用中，不锈钢的抗腐蚀性能起到了至关重要的作用。不锈钢隔离墙在海滨地区、化工厂房和潮湿环境中能够长期保持外观和功能，不易受到环境侵蚀，保护周围的建筑物和设备。不锈钢在土木工程中的应用为工程的耐久性、稳定性和美观性提供了可靠的保障。其特殊的材质特性使其能够适应各种恶劣环境，成为解决腐蚀和高温等问题的理想选择。不锈钢在土木工程中的广泛应用推动了建筑材料领域的发展，为工程的可持续发展提供了重要的支持。在土木工程中，为了提高钢材的抗腐蚀性能，防腐蚀涂层广泛应用于各类结构。防腐蚀涂层的主要作用是在钢材表面形成一层保护膜，防止钢材与外界环境中的湿气、氧气、化学物质等发生反应，从而延缓钢材的腐蚀过程。防腐蚀涂层中的底漆层起到了防止腐蚀的基础作用。底漆层能够填充钢材表面的微小裂缝和凹陷，提高涂层的附着力，并形成均匀的底层，为后续的涂层提供均匀的基础。防腐蚀涂层中的中间涂层主要负责提高涂层的耐磨性和耐候性。通常具有较好的抗紫外线性能，能够在户外恶劣天气条件下保持较长时间的稳定性。防腐蚀涂层中的面漆层是最外层的保护膜，其主要作用是抵御外界的有害因素，包括酸雨、盐雾等。面漆层通常选择具有较高耐腐蚀性能的材料，以确保涂层在使用过程中不易发生腐蚀和老化。在涂层的选择中，需要考虑到钢材所处的环境条件。不同的环境条件对防腐蚀涂层的性能提出了不同的要求。例如，在潮湿的海洋环境中，要求涂层具有较好的耐盐雾性能；在酸雨较为严重的地区，需要选择具有较好抗酸性的涂层。还需要考虑涂层的施工性能和成本。一些涂层具有较好的自流平性，能够在施工时形成均匀的膜层，提高涂层的美观性。防腐蚀涂层在土木工程中是保护钢材免受腐蚀、侵蚀的关键技术之一。通过选择合适的涂层材料，根据具体环境条件施工涂层，可以有效提高钢材的抗腐蚀性能，延缓结构的老化过程，确保土木工程结构的长期稳定和安全使用。这样的技术手段在提高建筑物结构寿命、降低维护成本以及增加结构稳定性方面发挥着至关重要的作用。

四、焊接和连接技术

焊接和连接技术在土木工程中扮演着至关重要的角色。焊接作为一种常见的金属连接方式，通过将两个或多个金属部件熔接在一起，形成坚固的连接。优势在于结构紧凑，能够提供较高的强度和刚度，使得焊接在桥梁、建筑和其他结构工程中得到广泛应用。焊接技术的选择取决于工程的具体要求和金属材料的性质。常见的焊接方法包括电弧焊、气体保护焊、激光焊等。电弧焊是一种常用的焊接方式，通过电流产生的电弧加热金属，使其熔化并形成连接。气体保护焊则使用惰性气体来保护焊接区域，防止氧气进入并影响焊缝质量。而激光焊则利用激光束的高能量进行焊接，适用于对焊缝精度有较高要求的工程。除了焊接技术，连接技术也是土木工程中不可或缺的一部分。连接技术主要包括螺栓连接、铆接和销钉连接等形式。螺栓连接通过将螺栓穿过连接部件并用螺母拧紧，形成紧固的连接。铆接则是通过在金属部件上制造铆钉孔，通过铆钉将两个部件牢固连接。而销钉连接则是通过将销钉插入预先打孔的孔中，形成牢固的连接。连接技术的选择需要根据工程的具体需求来进行。螺栓连接适用于需要拆卸和重新组装的结构，而铆接则适用于对结构紧凑性有较高要求的场合。销钉连接通常用于对连接强度和刚度要求较高的土木工程。焊接和连接技术在土木工程中的应用不仅仅局限于金属结构，还涵盖了混凝土和其他建筑材料。在混凝土结构中，螺栓和钢筋的连接是常见的连接方式，通过钢筋的预埋和混凝土的浇筑形成牢固的连接。而在木结构中，木榫和榫槽的连接方式被广泛采用，通过木榫的榫头嵌入榫槽中，形成稳固的连接。焊接和连接技术是土木工程中确保结构强度和稳定性的核心手段。通过合理选择和应用不同的焊接和连接方式，可以实现金属和其他建筑材料的有效连接，为各类结构提供可靠的支撑和保障。在实际的土木工程实践中，根据工程需求，科学合理地选用适当的焊接和连接技术是确保工程质量的重要保障。

五、钢结构的设计和分析

土木工程中，钢结构的设计和分析是确保结构安全、稳定和符合工程要求的关键步骤。设计阶段首先进行结构的受力分析，以明确结构的受力状态，包括构件所受的荷载及其分布。在这一阶段，需要考虑建筑物地理位置、环境荷载、使用要求等多方面因素，以综合确定结构所承受的力的大小和方向。基于受力分析的结果，进行钢结构的设计。设计过程中需要充分考虑材料的强度、刚度和稳定性，以确保结构在各种工况下都能够满足相应的性能要求。设计过程中的关键问题包括梁柱的截面选择、连接节点的设计、结构的整体稳定性等。需要考虑钢结构在使用过程中可能受到的疲劳、温度变化等影响，进一步完善设计。在设计完成后，进行结构的分析，验证设计的合理性和可行性。分析过程中需要考虑结构的整体刚度和稳定性，以及各个构件的局部受力情况。采用合适的分析方法，如有限元分析等，对结构进行详细的计算和模拟，以评估结构的安全性和稳定性。在分析中需要关注结构可能的弯矩、剪力、轴力等受力情况，以确保结构在各种工况下都能够稳定运行。设计和分析是一个相互交织的过程，需要不断进行反复、调整和优化，以确保钢结构能够满足实际使用条件和要求。这包括考虑结构的经济性、施工的可行性和维护的便利性等方面。设计和分析的目标是在保证结构安全的前提下，尽可能减小结构的材料使用量，提高结构的性能，以实现经济、安全、可行的工程建设。需要工程师在专业知识和经验的指导下，根据实际情况进行综合考虑和决策，以确保土木工程的钢结构达到设计要求，能够长期稳定地运行。

六、质量控制与检测

钢材质量控制与检测，在土木工程中是至关重要的环节。确保钢材的高质量，对于结构的安全性和稳定性至关重要。生产过程中的质量控制是保证钢材质量的第一步。生产厂家需要对原材料的选取、炼钢过程、轧制和冷却等各个环节进行严格的控制，以确保钢材的化学成分、机械性能等达到标准要求。对于生产出的钢材，需要进行系统而全面的检测。包括化学成分分析、机械性能测试、金相组织观察等方面。化学成分分析为了确保钢材中的各元素含量符合设计要求，机械性能测试则评估了钢材的强度、韧性等关键性能，金相组织观察则检验了钢材的晶粒结构和组织均匀性。对于大批量生产的钢材，还需要进行抽样检测。这意味着从整个生产批次中随机选择一部分样品进行检测，以验证整批钢材的质量。这种抽样检测的方式在大规模生产中既能够确保检测的全面性，又能够在一定程度上减轻检测的工作负担。在运输和存储环节，也需要对钢材进行相应的质量控制。运输过程中，要防止碰撞和摩擦导致的表面损伤，存储时要避免钢材受到潮湿、腐蚀等不良环境的影响。这需要建立合理的运输和存储制度，确保钢材在整个流通过程中能够保持良好的状态。在土木工程中，钢材的焊接连接是常见的操作，因此焊接质量的控制也是关键。焊接质量的控制包括焊接工艺的规范、焊接人员的技术培训、焊接材料的选择等方面。通过确保焊缝的均匀性和强度，可以保证整个结构的牢固性和安全性。钢材质量控制与检测是土木工程中不可或缺的一环。从生产到运输、存储再到实际使用，都需要严格控制和检测，以确保钢材的性能和质量符合设计和使用的要求。这需要厂家、监理单位和工程施工方共同努力，建立科学的质量管理体系，为土木工程的安全性和稳定性提供可靠的保障。

第二节　土木工程常用钢材

一、结构用碳素结构钢

碳素结构钢在土木工程中被广泛应用，其主要成分包括碳、锰、硅等元素，具有较高的强度和良好的可塑性。这使得碳素结构钢成为建筑和桥梁等领域中的重要建筑材料之一。碳素结构钢的强度是其在土木工程中应用的重要优势之一。其抗拉强度和抗压强度使得其能够承受复杂的结构荷载，为建筑物提供可靠的支撑。这种强度表现在不同类型的结构中，如梁、柱和框架等，为整体结构的稳定性和安全性提供了坚实的基础。碳素结构钢的可塑性使其易于加工和成型，适用于各种不同形状和尺寸的结构要求。这种可塑性意味着在设计和建造过程中可以更灵活地满足特定工程的需求，从而实现更为精确和有效的结构设计。碳素结构钢在焊接方面表现出色。其可焊性使得在工程中能够方便地进行连接和组装，形成坚固的结构。焊接不仅能够实现结构的整体性，也提高了工程的施工效率。碳素结构钢的耐腐蚀性也是其在土木工程中被广泛应用的重要特性之一。其表面可以通过施加防腐涂层等方式，进一步增强其抗腐蚀性，从而延长结构的使用寿命。在实际的土木工程项目中，碳素结构钢常用于各类建筑和桥梁结构的主体部分，如梁、柱、框架等。其应用范围包括高层建筑、大跨度桥梁、工业厂房等。通过科学合理的设计和选材，可以最大限度地发挥碳素结构钢的优势，确保工程结构的安全、稳定和持久。碳素结构钢以其强度、可塑性、焊接性和耐腐蚀性等多重特性，成为土木工程中不可或缺的材料之一。其应用广泛，为各类结构工程提供了可靠的基础，推动了土木工程领域的发展。

二、高强度合金结构钢

在土木工程中，高强度合金钢是一种重要的结构材料，其牌号是工程设计中的一个关键参数。高强度合金钢通常具有较高的屈服强度、抗拉强度和抗冲击性，因此在各类结构中得到广泛应用。高强度合金钢的牌号通常由一系列数字和字母组成，代表了该材料的一些基本性能参数。其中，数字部分通常表示屈服强度的数值，而字母部分则表示材料的化学成分和加工方式。例如，常见的高强度合金钢牌号如 Q345、Q460 等，其中的数字分别表示相应的屈服强度等级。选择合适的高强度合金钢牌号是一项至关重要的任务。需要根据结构的具体要求和受力情况，确定所需的屈服强度和抗拉强度等性能指标。根据这些性能指标选择相应的高强度合金钢牌号，以满足工程设计的要求。在做出选择时，还需要考虑材料的可焊性、可加工性以及成本等因素，以综合权衡不同的需求。高强度合金钢的使用可以有效减轻结构的自重，提高结构的荷载承受能力，从而实现结构的轻量化设计。采用高强度合金钢可以显著减小结构体积，降低建筑物整体负荷，提高工程的抗震和抗风能力。在实际应用中，高强度合金钢的牌号选择需要综合考虑结构的受力环境、建筑物的用途和设计要求等多个方面因素。通过科学合理的选择，可以使高强度合金钢充分发挥其优越的性能，确保工程结构的安全、稳定和经济。这样的综合设计手段有助于推动土木工程领域的发展，提高工程结构的质量和效益。高强度合金钢是土木工程中常用的一类结构材料，其牌号直接关系到其用途和性能。这类钢材的广泛应用主要体现在以下几个方面：高强度合金钢在桥梁工程中得到了广泛的应用。由于桥梁需要承受大跨度、大荷载的特殊要求，选择高强度合金钢能够有效减轻桥梁自重，提高结构的荷载承受能力。这种钢材具有出色的抗拉和抗压性能，能够满足桥梁结构对于强度和稳定性的要求。高强度合金钢在高层建筑结构中也具有重要的应用价值。在高层建筑中，结构轻量化是一个关键的设计目标，而高强度合金钢能够满足这一要求。通过选用高强度合金钢，可以减小结构自重，提高整体的承载能力，同时满足建筑物对于抗震和抗风能力的要求。高强度合金钢在海洋工程和船舶建造中也发挥着重要的作用。由于在海洋环境中结构受到海水腐蚀和风浪影响，选用高强度合金钢能够提高结构的抗腐蚀性能和强度，延缓结构老化过程。高强度合金钢的优势主要体现在以下几个方面。高强度合金钢的强度较高，能够承受更大的荷载，实现结构的轻量化设计。高强度合金钢具有较好的可塑性和韧性，有助于结构在受到外部荷载时发生塑性变形而不易被破坏。再者，高强度合金钢通常具有较好的焊接性能，便于施工过程中的连接和安装。由于高强度合金钢在设计和施工中的广泛应用，相应的工程经验丰富，能够为工程提供可靠的材料支持。高强度合金钢的牌号直接反映了其强度和性能，因此在土木工程中的选择和应用，需要根据具体工程要求和环境条件进行综合考虑。通过科学合理的选材和设计，高强度合金钢能够充分发挥其优势，为土木工程的安全性、稳定性和经济性提供有力的支持。

三、不锈钢

不锈钢是一类特殊的合金材料，由铁、铬、镍等元素组成。其抗腐蚀性强，机械性能稳定，在不同工业领域中得到广泛应用。不锈钢根据其组成、性能和用途的不同，分为不同的牌号和类型。不锈钢的牌号主要是用来标识不同种类的不锈钢，其中最常见的有 AISI、ASTM、JIS 等标准。这些牌号通过规定的化学成分和机械性能等指标来区分不锈钢材料。例如，AISI 304 表示一种典型的 18-8 不锈钢，含有 18% 的铬和 8% 的镍。不锈钢的类型主要根据其组成和性能特点进行分类。常见的不锈钢类型包括奥氏体不锈钢、铁素体不锈钢和马氏体不锈钢。奥氏体不锈钢具有良好的耐腐蚀性和加工性，如 AISI 304、AISI 316 等。铁素体不锈钢强度较高，但耐腐蚀性较差，如 AISI 430。而马氏体不锈钢在强度和耐腐蚀性方面都具有优势，但成本较高，如 AISI 17-4PH。不锈钢的应用也影响了其类型的选择。在化工、海洋工程和食品加工等领域，常使用耐腐蚀性较强的奥氏体不锈钢。在高温高压环境下，可能选择具有良好强度和耐磨性的铁素体或马氏体不锈钢。各种类型的不锈钢都根据具体需求选择，以满足工程的性能和环境要求。不锈钢还可以根据表面状态和加工方式进行分类。代表了不同的表面处理效果。加工方式包括冷轧、热轧、冷拔等，影响了不锈钢的结构和性能。不锈钢的牌号和类型是根据其化学成分、机械性能、用途和表面状态等方面的不同而进行的分类。这些分类为在不同工程和应用领域中选择合适的不锈钢材料提供了参考和依据。通过科学合理的选择和应用，可以最大限度地发挥不锈钢的特性，满足各类工程对于材料性能和稳定性的要求。不锈钢作为一种具有良好耐腐蚀性能的金属材料，在各个领域得到了广泛的应用。其卓越的抗腐蚀性能主要体现在以下几个方面：不锈钢的主要成分之一是铬，铬的添加使得不锈钢表面形成一层致密的氧化铬膜。这一膜层能够有效隔离不锈钢与外界环境的接触，防止氧气、水分和其他腐蚀介质直接侵蚀金属表面。这层致密的氧化铬膜是不锈钢抗腐蚀性的关键。不锈钢中还含有其他合金元素，如镍、钼等，这些元素能够进一步提升不锈钢的耐腐蚀性能。例如，镍的添加能够增强不锈钢的抗氧化性，提高其在高温和腐蚀环境中的稳定性。而钼的加入则使得不锈钢对一些特殊介质，如酸性和盐性环境，表现出更好的耐蚀性。不锈钢的晶体结构也对其耐腐蚀性能有一定影响。常见的不锈钢有奥氏体不锈钢和铁素体不锈钢两种。奥氏体不锈钢的耐腐蚀性能较优，尤其在高温环境中表现出更好的性能。不锈钢的耐腐蚀性还与表面处理有关。通过一些表面处理方法，如喷丸、酸洗、电化学抛光等，可以改善不锈钢表面的质量，提高其耐腐蚀性。采用一些特殊涂层或涂覆技术也是提高不锈钢耐腐蚀性的有效手段。不锈钢的耐腐蚀性能是由其特殊的成分和结构决定的，不仅仅是一种化学防护层的形成，还涉及材料的整体性能和相互作用。在实际应用中，通过科学合理的设计和制造工艺，可以使不锈钢充分发挥其抗腐蚀的优势，适应各种复杂和恶劣的工作环境。这为不锈钢在建筑、化工、医疗等众多领域的应用，提供了可靠的技术基础。

四、建筑用薄板和型材

薄板和型材是土木工程中常见的建筑材料，在建筑结构中发挥着重要的作用。薄板通常用于构建建筑的外立面、屋顶、墙壁等部位，而型材则主要用于梁、柱、框架等结构元素的构建。这两种材料的选择和应用对于建筑的稳定性、安全性和美观性具有重要意义。薄板在建筑外观上起到了装饰和保护的作用。它可以采用各种材质，如金属、复合材料、陶瓷等，通过合理的设计和施工方式，形成建筑表面的各种装饰效果。薄板还能够提供额外的防水、隔热、隔音等功能，增加建筑的整体性能。型材作为建筑结构的重要组成部分，主要用于承受和传递荷载。在建筑梁、柱、框架等结构中，型材通过合理的布局和连接，形成稳定的骨架结构，支撑建筑的自重和外部荷载。型材的选择取决于结构的设计要求，包括承载力、刚度、稳定性等。在建筑设计中，薄板和型材的搭配使用可以实现更为灵活和多样的建筑形式。例如，在现代建筑设计中，采用大面积的薄板来构建流线型的外观，同时通过型材的结构支撑来实现建筑的稳定性。这种搭配既满足了建筑的实际功能需求，又使建筑在视觉上更为富有创意和独特性。薄板和型材的材料选择和施工工艺也对建筑的质量和寿命产生影响。不同材料的薄板具有不同的性能，如金属薄板具有良好的抗腐蚀性，复合材料薄板具有较轻的重量和优异的隔热性能。型材的制造工艺和连接方式也关系到结构的稳定性和耐久性。薄板和型材在土木工程中的应用不仅仅是单一的材料选择，更是在结构设计和建筑美学方面的综合考虑。通过科学合理的搭配和应用，可以为建筑结构提供可靠的支撑，同时满足建筑外观和功能的多样需求。

五、桥梁和基础用特殊钢材

桥梁和基础结构作为承载交通和建筑物的重要组成部分，对结构材料提出了较高的要求。在一些特殊的情况下，使用特殊钢材是为了满足工程对于强度、耐久性和抗腐蚀性等性能方面的特殊需求。桥梁结构往往需要在各种环境条件下承受复杂的荷载和外力作用，需要具备出色的强度和耐久性。在这种情况下，特殊钢材的应用可以有效提高桥梁结构的整体抗力，确保其在长期使用过程中保持结构的稳定性和安全性。基础结构是整个建筑物的承重部分，对材料的稳定性和耐久性提出了更高的要求。特殊钢材的使用可以带来更好的抗腐蚀性能，尤其是在潮湿或腐蚀性环境下。这有助于防止基础结构在恶劣环境中发生腐蚀、锈蚀等问题，确保整个建筑物的长期稳定运行。一些特殊钢材还具有良好的焊接性能和可加工性，使得结构的施工更为便利。这对于大型工程项目的加工和制造是非常重要的，可以有效提高工程的施工效率。特殊钢材的选择和应用，需要根据具体的工程要求和环境条件进行综合考虑。在一些需要极高强度和特殊化学成分的情况下，特殊钢材可以提供更为理想的解决方案。在选择特殊钢材时，需要考虑其化学成分、强度、耐腐蚀性以及可加工性等综合性能，以满足工程结构对于材料的多方面需求。桥梁和基础结构的特殊钢材的应用，是为了提高结构的强度、耐久性和抗腐蚀性等性能，确保工程在各种恶劣条件下能够稳定、安全、持久地运行。通过科学合理的设计和材料选择，可以使得这些结构在使用过程中更好地适应复杂多变的外界环境，为工程建设提供坚实可靠的基础。

第三节　其他金属材料

一、铝合金材料

铝合金材料是一类广泛应用于工业、建筑和航空等领域的轻质、高强度的金属材料。其性能和特性由不同的牌号和标准来定义和区分。以下是一些常见的铝合金材料牌号和标准的简要论述：铝合金的牌号通常由数字和字母组成。其中，数字部分表示主要合金元素的含量，而字母部分表示合金的类型和特殊处理状态。例如，常见的铝合金牌号如6061、7075等，其中6061表示合金中主要含有硅和镁，7075表示合金中主要含有锌。不同的牌号对应着不同的性能和用途。例如，6061铝合金具有较好的焊接性和机械性能，常用于航空航天、船舶和汽车制造。7075铝合金具有极高的强度和硬度，适用于要求高强度和轻质的领域，如飞机结构和高性能自行车制造。不同国家和地区制定了各自的标准来规范铝合金材料的生产和应用，也对铝合金的化学成分、机械性能、加工性能等方面进行了详细的规定。这些标准有助于确保铝合金材料在各种应用中能够满足特定的技术要求和性能指标。铝合金材料的选择取决于具体的应用需求。在一些对强度要求较高的领域，如航空航天和国防工业，常采用高强度的铝合金，而在一些对耐腐蚀性和成本敏感的领域，如建筑和汽车制造，常采用具有良好耐腐蚀性能的铝合金，铝合金材料的常见牌号和标准为不同领域提供了多种选择。在实际应用中，需要根据具体的设计要求、性能需求和成本考虑，选择合适的铝合金材料，以满足工程或产品的性能要求。这也促使了铝合金材料的不断研发和创新，以适应不同行业的需求。铝合金是一种轻质、高强度的金属材料，由铝与其他金属元素合金化而成。铝合金以其独特的性能和多样的用途，在各个领域得到广泛应用。铝合金的轻质优势使得它成为许多工业和民用领域中的理想材料。相较于其他金属，铝合金具有较低的密度，使得制成的产品具有更轻的重量。这种轻量化的特性使铝合金在航空航天、汽车制造等领域中得到广泛应用，可以降低结构的自重，提高整体性能。铝合金具有良好的导热性和导电性，在电子、电器行业中具备独特的优势。铝合金不仅能够有效散热，降低电子元件的工作温度，还能够作为导电材料应用于电缆、电线等领域。除了轻质的特性，铝合金还具有卓越的耐腐蚀性。其表面形成的氧化膜具有一定的保护作用，能够在一定程度上抵抗大气、水等环境的侵蚀。这使得铝合金在建筑、海洋工程等潮湿或腐蚀性环境中有着广泛的应用，保障了产品的长期使用寿命。铝合金的可塑性和加工性也是其重要的优势之一。铝合金可以通过各种加工方式，如挤压、锻造、拉伸等，制成各种形状和规格的产品。这使得铝合金广泛应用于建筑、交通运输、电子等领域的制造工艺中，为不同行业提供了灵活的解决方案。铝合金还具有良好的可焊性，在制造和维修领域中能够方便地进行连接和组装。这为产品的生产和维护提供了便利，提高了生产效率。铝合金以其轻质、高强度、耐腐蚀、导热导电等多重优势，在航空航天、汽车、建筑、电子等众多领域中得到广泛应用。铝合金产品不仅具备卓越的性能，同时在推动各行业技术进步、提升产品质量和效益等方面发挥着不可替代的作用。

二、铜材料

铜材料是一类常用的金属材料，具有良好的导电性、导热性和可塑性。铜材料的常见牌号和类型多种多样，主要由合金元素的不同含量和性质来区分。纯铜是铜材料中最基础的一种类型，纯铜具有良好的导电性和导热性，常用于电气工程和电子器件的制造。黄铜是铜与锌合金化而成的一类铜合金，黄铜具有较好的耐腐蚀性和可加工性，广泛用于制作管道、阀门、装饰件等。青铜是铜与锡合金化而成的铜合金，青铜具有良好的耐磨性和抗腐蚀性，常用于制作雕塑、钟表零件等。铜镍合金是铜与镍合金化而成的铜合金，铜镍合金具有较好的耐腐蚀性和耐磨性，广泛应用于海洋工程、化工设备等领域。在实际应用中，铜材料的选择取决于具体的使用环境和要求。纯铜适用于要求较高导电性的场合，如电缆、电子器件等。黄铜适用于需要一定耐腐蚀性和加工性的场合，如管道、阀门等。青铜适用于要求一定机械性能和装饰性能的场合，如雕塑、装饰品等。铜镍合金适用于耐腐蚀和耐磨要求较高的场合。铜材料在各个行业中都有着广泛的应用，其不同牌号和类型满足了不同的工程需求。通过选择合适的铜材料，可以充分发挥其优越的性能，确保工程或产品在使用过程中具有良好的导电性、耐腐蚀性和可塑性。这也促使着铜材料的不断研发和创新，以适应不同领域的不同需求。铜是一种优良的导电材料，具有卓越的导电性能。这得益于铜本身的物理性质以及其晶体结构的特殊性。铜在工业、电子、通信等领域中广泛应用，其导电性能是其应用广泛的主要原因之一。铜具有良好的导电性能的原因是电阻率较低。铜的电阻率远低于许多其他常见金属，这使得电流在铜导体中的传输更为迅速、高效。低电阻率也意味着铜导体的电阻相对较小，能够减小电能损耗，提高电路的效率。铜的结晶结构对其导电性能有着重要的影响。铜的晶体结构呈立方体结构，其中电子在晶体中能够更自由地移动。这种结构使得电子在铜中的流动受到较少的阻碍，有利于形成良好的电流传导路径，提高导电性能。铜的导电性能还与其纯度有关。纯度较高的铜具有更好的导电性能，因为杂质和晶界会对电子的自由移动产生阻碍。在要求极高导电性能的场合，通常会选择高纯度的电解铜等材料。铜的导电性能使得其在电气工程中被广泛使用。铜导线常用于电力输配、电子设备的内部连接等场合。由于铜的良好导电性能，电能能够更有效地传输，减小能量损耗，保证电路的正常工作。铜导线还具有较高的机械强度和耐腐蚀性，适用于复杂和恶劣的环境条件。铜作为一种卓越的导电材料，其导电性能得益于其低电阻率、特殊的晶体结构和纯度等因素。在电力、电子、通信等领域，铜的导电性能使其成为首选的导电材料，推动了现代社会各种电气设备和工程的发展。

三、镀锌钢材

镀锌是一种常用的防腐处理方法，通过在钢材表面形成一层锌层，可以提高钢材的耐腐蚀性。热浸镀锌和电镀锌是两种常见的镀锌工艺，在工业生产和建筑领域中都有广泛的应用。热浸镀锌是一种通过将钢材浸入熔化的锌中，使其表面形成一层锌涂层的工艺。这个过程通常包括预处理、热浸镀锌和后处理等步骤。预处理阶段通过去除钢材表面的氧化物和污染物，为后续的热浸提供良好的基础。热浸镀锌阶段是将经过预处理的钢材浸入加热至适宜温度的锌液中，形成一层均匀的锌层。后处理阶段则包括冷却、清洗和包装等步骤，以确保最终的镀锌钢材符合质量标准。电镀锌是一种利用电化学原理在钢材表面沉积一层锌层的工艺。电镀锌的过程通常包括酸洗、活化、电镀、清洗和封闭等步骤。酸洗阶段通过去除钢材表面的氧化物和杂质，提供良好的电导率。活化阶段通过在酸洗液中活化钢材表面，增强其对电镀的反应性。电镀阶段是将经过活化的钢材浸入含有锌离子的电镀槽中，利用电流使锌在钢材表面析出形成一层均匀的锌层。清洗和封闭阶段则用于去除残余的电镀液和封闭表面的孔隙，提高镀锌层的耐腐蚀性。热浸镀锌和电镀锌各有优势和适用场合。热浸镀锌工艺适用于大型批量生产，其形成的锌层相对较厚，具有良好的耐腐蚀性。而电镀锌工艺适用于小批量生产和对表面质量要求较高的场合，其锌层较薄但均匀，表面光滑。热浸镀锌和电镀锌是两种常见的镀锌工艺，在提高钢材耐腐蚀性、延长使用寿命方面发挥着重要作用。根据具体的生产需求和应用场景选择合适的镀锌工艺，能够有效提高钢材在恶劣环境中的稳定性和可靠性。镀锌钢材是通过在钢铁表面涂覆一层锌来进行防腐处理的一种金属材料。这种处理方式使得钢铁具有更好的耐腐蚀性和抗氧化性，拓展了钢材的应用领域。镀锌钢材广泛用于建筑行业。在建筑结构中，镀锌钢材常被用作结构构件，如梁、柱、檩条等。由于其耐腐蚀性强，能够在室外环境中长时间保持稳定性，从而延长建筑结构的使用寿命。镀锌钢材在屋顶、墙壁等外表面的应用也十分普遍，能够有效地抵抗大气、水分等对建筑物的腐蚀。镀锌钢材在交通运输领域也有着重要的应用。在汽车制造、铁路建设等方面，镀锌钢材被广泛用于制造车身、车架等部件。在面对多变的气候和路况时，镀锌钢材能够提供更好的耐腐蚀性，延长车辆的使用寿命。镀锌钢材还在冶金和工业设备制造中得到了广泛应用。在钢铁生产过程中，一些工业设备需要承受高温、腐蚀等严苛环境，而镀锌钢材的抗腐蚀性使得其成为这些设备的理想选择。在油气、化工等行业中，涉及储存和输送液体的容器和管道，也经常采用镀锌钢材以提高其抗腐蚀性能。农业领域也是镀锌钢材的应用领域之一。农业设备、温室结构等，由于常常处于湿润的环境中，使用镀锌钢材能够有效地抵御大气和水分的侵蚀，保持设备和结构的稳定性。镀锌钢材以其卓越的耐腐蚀性和抗氧化性，在建筑、交通、工业设备、农业等领域得到了广泛的应用。这种防腐处理方式不仅提高了钢铁材料的使用寿命，也为各行业的设备和结构提供了更加可靠的保护，推动了各领域的发展。

四、镍基合金

镍基合金是一类具有优异高温性能的金属材料，广泛应用于航空航天、石油化工、能源等领域。其在高温环境中的出色性能使得它成为一种不可替代的材料。镍基合金的高温应用主要表现在以下几个方面。航空航天领域是镍基合金的重要应用领域之一。在航空发动机和航天器的高温工作环境中，镍基合金能够保持较高的强度、韧性和抗氧化性能。这使得它成为制造高温工作部件，如涡轮叶片、燃烧器、喷嘴等的理想材料。镍基合金的高温耐久性和抗腐蚀性在极端的航空航天条件下发挥了关键作用。能源领域也是镍基合金的主要应用领域之一。在石油炼制、化工生产以及火力发电等过程中，需要承受高温、高压和腐蚀等极端环境的设备。镍基合金因其卓越的高温性能，被广泛应用于制造反应器、换热器、管道等设备，以确保在高温高压环境中的长期稳定运行。核工业也是镍基合金的重要应用领域。在核反应堆中，由于高温、辐射等极端条件，普通的金属材料无法满足要求。而镍基合金在这种环境下表现出色，因此被广泛用于制造核反应堆的结构部件、管道和阀门等。汽车工业中的高性能发动机也常使用镍基合金制造关键零部件。发动机工作时会产生高温高压的条件，要求材料具备出色的高温强度、抗氧化和抗腐蚀性。镍基合金在高温环境中的应用是基于其卓越的高温强度、耐氧化性、抗腐蚀性和抗热疲劳性能。这使得它成为许多高技术领域中不可或缺的材料之一，为工程提供了可靠的支持，同时也推动了镍基合金在高温应用领域的不断创新和发展。镍基合金是一类特殊的金属合金，具有出色的高温强度和耐蚀性能。这使得它在高温、腐蚀性环境中有着广泛的应用，涉及航空航天、能源、化工等众多领域。镍基合金的高温强度是其引人注目的特点之一。在高温环境下，一些传统的金属材料容易发生蠕变和软化，但镍基合金却能够保持较高的强度。这是因为镍基合金中通常含有强化元素，如钨、钼、铌等，这些元素通过形成固溶体、析出相等方式，有效地提高了合金的高温强度，使其在高温下依然能够保持结构的稳定性。镍基合金具备卓越的耐蚀性。在腐蚀性环境中，镍基合金能够形成一层致密的氧化膜或硫化膜，有效地抵抗腐蚀介质对其表面的侵蚀。这种氧化膜或硫化膜的形成有助于形成一种保护层，防止腐蚀介质对合金内部的进一步侵蚀，从而延长了镍基合金的使用寿命。镍基合金还具有良好的抗氧化性。在高温氧化环境中，镍基合金能够形成致密的氧化层，起到抵御氧化的作用，保持其表面的光洁度和稳定性。这使得镍基合金在高温氧化环境中得到了广泛的应用，例如，用于航空发动机的高温部件。在航空航天领域，镍基合金被广泛应用于制造高温、高压部件，如涡轮叶片、燃烧室等。在化工工业中，镍基合金常用于制造耐腐蚀、耐高温的设备和管道。在能源领域，镍基合金被用于制造涡轮机、锅炉等高温高压设备。镍基合金以其高温强度和耐蚀性的特性，在高温、腐蚀环境中有着广泛的应用。它的出色性能为各个领域提供了重要的材料支持，推动了科技和工业的不断发展。

五、锂合金

锂合金轻量化设计是当今工程领域中的一个关键议题。锂合金因其低密度、高强度、优良的导电性和导热性等特性而成为轻量化设计的理想选择。锂合金轻量化设计主要体现在以下几个方面；锂合金在航空航天领域的轻量化设计中发挥了关键作用。航空器的减重对提高燃油效率、降低运行成本具有重要意义。采用锂合金作为结构材料，可以显著减轻航空器的重量，提高其燃油经济性和性能。在航空航天工程中，锂合金常用于制造机身结构、机翼等关键部位，以实现整体结构的轻量化。锂合金在汽车工业中的轻量化设计应用也逐渐增多。汽车的轻量化不仅可以提高燃油经济性，还能增加电动汽车的续航里程。锂合金的轻量化设计可以在保证结构强度和安全性的前提下显著减轻汽车的整体质量。这对于满足环保法规、提高车辆性能和降低碳排放都具有重要意义。在电子设备领域，锂合金轻量化设计也取得了显著成果。随着移动设备和电子产品的迅猛发展，对于轻薄设计的需求不断增加。锂合金作为一种轻量、高强度的材料，被广泛应用于手机、笔记本电脑、平板电脑等电子产品的外壳和结构部件中，以提高设备的携带性和便携性。锂合金轻量化设计在能源领域也有重要应用。锂合金在电池和储能系统中的使用，可以显著减小电池组件的重量，提高电池能量密度，为新能源技术的发展提供了有力支持。锂合金轻量化设计在多个领域都发挥着至关重要的作用。通过采用锂合金，可以在保证结构强度和性能的同时实现材料的轻量化，为各行业的可持续发展和节能减排提供了有效途径。随着科技的不断进步和对可持续发展的需求不断增加，锂合金轻量化设计将在未来继续发挥重要的推动作用。锂合金是一类以锂为主要合金元素的金属合金。它具有独特的性能，其中之一就是优异的耐腐蚀性能。锂合金在耐腐蚀方面的表现使其在多个领域都得到了广泛应用。锂合金的耐腐蚀性能首先得益于锂元素本身的特性。锂是一种具有较强还原性的金属，能够与氧、氮等形成致密的氧化膜或氮化膜，从而在表面形成一层保护层，阻止了进一步的氧化或腐蚀。保护层有效地隔离了锂合金与外界环境的接触，提高了锂合金的耐腐蚀性。锂合金中通常还包含其他合金元素，如铝、镁等，其能够提高锂合金的强度和耐腐蚀性。例如，铝的加入可以形成均匀的、分布在锂合金中的氧化铝颗粒，进一步加强了锂合金的表面保护层，提高了耐腐蚀性。锂合金在耐腐蚀性能方面的卓越表现使其在电池领域得到了广泛应用。锂离子电池作为一种高性能的可充电电池，其正极材料往往采用锂合金。锂合金在电池中具有较高的化学活性，但其良好的耐腐蚀性能确保了电池的稳定性和长寿命。这使得锂合金电池成为移动设备、电动汽车等领域中的理想能源存储解决方案。锂合金还在航空航天、船舶制造、化工工业等领域得到广泛应用。在这些领域，锂合金不仅能够提供轻量化的材料选择，同时其耐腐蚀性能也能够满足在复杂环境下的使用需求，保障了设备和结构的长期稳定性。锂合金以其优异的耐腐蚀性能在多个领域中发挥着重要作用。这种优越性能使得锂合金成为现代高科技产业中不可或缺的材料之一，推动了电池技术、航空航天、能源存储等领域的不断创新和发展。

第九章 木 材

第一节 木材的分类及构造

一、木材的分类

软木和硬木是两种常见的木材类型，在土木工程中有着不同的应用和特性。软木通常指的是来自软性树木的木材，而硬木则来自硬性树木。下面将对软木和硬木在土木工程中的特性和应用进行论述：软木的主要来源是一些橡树、松树等软性树木。它具有轻质、导电性能好、隔热性好的特点。这使得软木在土木工程中的应用广泛，特别是在需要轻质隔热材料的领域。软木常被用于制作保温板、隔热材料等。由于其材料本身的软性，软木还可以用于制作柔性地板、装饰板等，以适应一些特殊需求。硬木主要来自一些橡树、桦树、榉树等硬性树木。硬木的特点是密度大、强度高、耐磨性好。在土木工程中，硬木常被用于制作家具、地板、楼梯等结构性材料。硬木的高强度和耐磨性使得它在需要承受较大力量和磨损的地方有着广泛的应用。软木和硬木在耐腐蚀性方面有所不同。由于软木含有天然的防腐成分，它在潮湿环境中具有较好的耐腐蚀性能，常被用于制作船舶、码头等需要抗潮湿和防腐的结构。而硬木的耐腐蚀性较差，通常需要通过表面处理或其他方式来提高其在湿润环境下的使用寿命。软木和硬木在加工难度上也存在差异。软木相对较为容易加工，易于切割和雕刻，适用于一些需要特殊形状的工程。而硬木的密度较大，加工难度相对较高，硬木制品更加坚固耐用。软木和硬木在土木工程中各有优劣，适用于不同的工程需求。软木以其轻质、导电性好、隔热性好等特性，适用于一些特殊的领域；而硬木以其密度大、强度高、耐磨性好等特性，在家具、结构性建筑等方面有着广泛的应用。在实际工程中，根据具体需求和材料特性的差异，选择合适的软木或硬木，这将有助于确保工程结构的稳定性和耐久性。针叶木和阔叶木是土木工程中常用的两类木材，在建筑、桥梁、家具等领域都有着广泛的应用。这两类木材有着不同的特性和优劣势，根据具体的工程需求选择合适的木材类型至关重要。针叶木主要来自针叶树，如松树、云杉等。它的木材纤维较长，细胞壁厚实，使得其具有较高的强度和硬度。针叶木还表现出较好的耐腐蚀性，适用于户外环境或者需要暴露在潮湿条件下的工程。由于其纹理清晰、直纹、不易变形的特性，针叶木在建筑结构和木工制品中得到广泛应用，如梁、柱、地板、窗户等。阔叶木则主要来自阔叶树，如橡树、桦木等。阔叶木的特点在于其木材纹理多样，纤维较短，使得其加工性能较好，易于切割和加工成各种形状。阔叶木具有较好的抗腐性和稳定性，适用于需要高强度和美观性的工程项目。阔叶木在家具、装修、雕刻等方面有着显著的应用，其木纹和颜色的多样性也为设计提供了更多的选择。针叶木和阔叶木在性能上也存在差异。例如，针叶木的密度相对较低，导致其比阔叶木更轻，但在抗压、抗弯强度方面相对较高。而阔叶木由于其较高的密度，更适合用于一些需要更大质量的项目，同时其质地坚硬，能够提供更好的表面硬度。在实际的土木工程中，选择合适的木材类型需要综合考虑工程的具体要求，包括承重能力、抗腐性、加工性能以及美观性等因素。在室外工程中，考虑到防腐性能，针叶木可能更为合适；而在需要雕刻和装饰性较强的室内工程中，阔叶木可能更受青睐。理性选择木材类型能够更好地满足工程需求，确保项目的质量和持久性。

二、木材的基本结构

木材的纤维结构是其力学性能的重要组成部分。木材主要由纤维、维管束和边材三个部分构成。纤维是木材中的基本组织单元，其排列方向决定了木材的主要力学性能。木材的纤维结构主要表现在纤维的走向和形态上。纤维的主要方向是指纤维相对于木材的轴线的排列方向。在纵向方向上，纤维沿着木材的轴线排列，形成纵向纤维。而在径向和切向方向上，纤维则以较大的角度穿过木材的截面，形成径向和切向纤维。这种纤维的排列方式赋予了木材优异的各向异性力学性能。在纵向方向上，木材的强度和刚度较高，能够承受较大的拉伸和压缩力。在径向和切向方向上，木材的柔韧性较好，适用于抵抗横向荷载和承受剪切力。这种性能使得木材在土木工程中得到广泛应用。木材的维管束结构也是其纤维结构的重要组成部分。维管束包括导管和木栓组织，是木材中运输水分和养分的通道。导管分布于木材的纵向方向，负责水分的上升，而木栓组织则分布于横向方向，负责水分的侧向运输。这种结构保证了木材的整体稳定性和生长过程中的正常功能。木材的边材是由未成熟的木质细胞组成，具有较高的含水率。边材通常位于木材的外围，它在木材的干燥过程中容易发生开裂和翘曲。在土木工程中，常常需要通过处理和选材等方法，来减小边材对木材结构稳定性的影响。木材的纤维结构是其在土木工程中被广泛应用的重要原因之一。这种结构赋予了木材独特的力学性能，使其在建筑结构、桥梁工程、家具制造等领域具有独特的优势。了解和利用木材的纤维结构，有助于更好地设计和应用木材，发挥其优越的性能，推动木材在现代土木工程中的持续发展和应用。

木材的维管束和木质部是木材结构中两个重要的组成部分。直接影响了木材的力学性能和物理性质，因此在土木工程中的应用具有重要的意义。维管束是木材中的一种组织结构，负责输送水分和养分。它由一系列排列整齐的管道组成，这些管道贯穿整个木材纵向。维管束中的水分主要是通过木质部的毛细管力学来传导，这种结构使得木材在生长过程中能够实现有效的水分运输。

维管束的存在直接关系到木材的吸水性和导水性，因此在木材的选择和使用中，维管束的性质是一个需要考虑的重要因素。木质部是木材的主要结构组织，占据了木材的大部分体积。它主要由纤维和细胞组成，这些细胞间形成了均匀而有序的结构。木质部不仅赋予了木材良好的机械性能，还决定了木材的密度和硬度。木质部的纤维排列方式、细胞壁的厚度等因素直接影响了木材的强度、耐久性以及抗压、抗拉等力学性能。在木材的使用过程中，维管束和木质部的结构特性也会影响木材的干缩性和湿胀性。由于维管束和木质部的异质性，木材在吸湿膨胀和干燥收缩时会表现出不同的性能。这是因为维管束中的水分含量与木质部的水分含量有所不同，导致木材在湿度变化下出现体积的变化。木材的维管束和木质部是决定木材性能的关键组成部分。

在土木工程中，根据具体的使用需求和环境条件，选择具有适当维管束结构和木质部性质的木材，可以更好地满足工程的要求。在木材的保养和处理过程中，理解维管束和木质部的结构特性，也有助于更好地保持木材的稳定性和耐久性。

三、木材的物理性质

木材是一种常见的建筑材料，其物理性质对于土木工程中的设计和使用至关重要。木材的物理性质包括密度、含水率、热导率、吸湿性等方面，这些性质直接影响着木材在不同环境和应用中的表现。木材的密度是指单位体积内木材所含的质量，通常以克/立方厘米为单位。不同种类的木材具有不同的密度，这与木材的树种、生长环境等因素密切相关。密度对木材的力学性能产生显著影响，高密度的木材通常具有更好的强度和硬度。含水率是指木材中含有的水分质量占干燥木材质量的百分比。木材的含水率随着环境湿度和温度的变化而改变，这对木材的尺寸稳定性和力学性能都有一定影响。合理控制木材的含水率是确保其在使用过程中不发生变形和开裂的重要因素。木材的热导率是指单位厚度和单位温度梯度下，木材沿着热流方向传导热量的能力。热导率决定了木材的保温性能，因此在一些需要考虑保温效果的建筑设计中，需要选择具有适当热导率的木材。吸湿性是指木材在潮湿环境中吸收水分的能力。木材的吸湿性与其纤维结构和含水率密切相关。吸湿性对木材的尺寸稳定性和使用寿命有一定的影响，因此在湿润环境中使用木材时，需要合理考虑其吸湿性。木材还具有其他的物理性质，如导电性、燃烧性等，这些性质在不同的土木工程应用中也可能成为考虑的因素。木材的物理性质对于其在土木工程中的使用至关重要。深入了解和理解木材的物理性质，有助于科学合理地选择和使用木材，提高工程结构的性能和稳定性。通过对木材物理性质的综合考虑，可以更好地应对不同环境和应用条件下的挑战，确保木材在土木工程中发挥其最佳的性能。

四、木材的防腐和防火处理

木材在土木工程中的使用面临着一些挑战，如容易受到腐朽和火灾的威胁。为了增加木材的使用寿命和提高其防火性能，通常会进行防腐和防火处理。防腐处理是一种保护木材免受真菌、细菌、昆虫和其他生物侵害的方法。在防腐处理中，常见的方法是压力处理，即通过将木材放入防腐剂浸泡槽中，并施加压力，使防腐剂深入渗透到木质结构的内部。这样处理后的木材能够有效抵御腐朽的侵蚀，延长其使用寿命。浸渍木材表面涂覆防腐漆或油漆也是一种有效的防腐方法，形成一层保护膜防止湿气和微生物的侵袭。防火处理是为了提高木材的抗火性能，减缓火灾发展速度。木材本身在火灾中容易燃烧，通常采用防火涂料、防火涂层或者将木材置于阻燃剂中进行处理。这些处理方式能够在火灾爆发时，通过阻止火焰的蔓延和延缓火势，减少火灾造成的损害。防火处理也包括改变木材的化学性质，使其更难燃烧，提高火灾发生时的安全性。在进行防腐和防火处理时，选择合适的防腐剂和防火剂是关键。不同的木材种类和使用环境可能需要不同类型的处理剂。施工过程中的处理均匀性也影响着处理效果。在土木工程中，根据具体的工程需求和环境条件，科学合理地选择和使用防腐、防火处理方法，能够有效提高木材的抗腐和抗火性能，延长其使用寿命，确保工程的安全性。

五、木结构设计与连接技术

木结构设计与连接技术是土木工程中的关键领域，对于构建稳定、安全、持久的木结构建筑至关重要。木结构设计涉及木材的选择、梁柱的设计、结构稳定性等方面，而连接技术则是确保木材构件之间连接紧密、稳固的关键环节。在木结构设计中，首先需要考虑木材的种类和性质。不同种类的木材具有不同的强度、密度和耐久性，因此在设计过程中需要根据具体的工程要求选择合适的木材。设计师还需要考虑木结构的力学性能，以确保木结构在承受荷载时能够保持结构的稳定性。梁柱的设计是木结构中的一个关键环节。梁负责承受水平荷载，而柱负责承受垂直荷载。在梁柱的设计中，需要考虑木材的弯曲、剪切、挤压等力学性能，确保梁柱在荷载作用下能够安全稳定。梁柱的尺寸和形状也是设计中需要重点考虑的因素，以满足结构的强度和刚度要求。连接技术在木结构中占有重要地位。木结构的连接通常包括螺栓连接、榫卯连接、胶合板连接等方式。螺栓连接是一种常见的连接方式，通过将木材构件通过螺栓连接在一起，形成一个整体结构。榫卯连接则是通过在木材上制作凹槽和凸榫，使两个构件相互嵌合连接。胶合板连接则是通过胶合板将多个木材层黏合在一起，形成更大截面的构件。连接技术的选择需要根据木结构的具体要求和设计荷载来确定。连接部位的设计和施工质量直接影响到整个木结构的稳定性和安全性。在连接技术的应用中，需要充分考虑木材的性质、连接部位的受力情况，以确保连接的牢固性和可靠性。木结构设计与连接技术的协调和优化是实现木结构工程成功的重要因素。通过深入研究木材的性质、合理设计梁柱结构，以及选择适当的连接技术，可以确保木结构在使用寿命内稳定、安全地承受各种荷载。这不仅关系到建筑物的结构性能，也直接影响到木结构工程的实际使用效果和维护成本。

第二节　木材的物理力学性质

一、弹性力学性质

木材的弹性模量是指木材在受力后，能够恢复原有形状和尺寸的能力。弹性模量是木材力学性能的一个关键参数，通常用弹性模量的数值来描述木材的刚度。弹性模量直接影响到木材在不同工程中的应用，如建筑结构、桥梁、家具等。弹性模量又称为杨氏模量，通常用字母 E 表示，单位是帕斯卡（Pa）。弹性模量是描述材料弹性行为的基本性质，反映了材料在受力后的变形程度。对于木材而言，其弹性模量的数值与木材的种类、纤维方向、含水率等因素密切相关。木材的弹性模量通常在弹性阶段内进行测定，即在小应变范围内，应力与应变成正比。这一阶段的弹性模量称为弹性阶段的弹性模量，通常是一个固定的数值。而在超过弹性阶段时，木材会进入塑性变形阶段，弹性模量的数值可能会发生变化。不同种类的木材具有不同的弹性模量。硬木通常具有较高的弹性模量，因为其纤维结构更为紧密，木质细胞之间的结合更加牢固。软木则相对较低，因为其木质细胞之间的连接较为松散。在工程设计中，需要根据具体的要求和条件选择合适的木材。木材的纤维方向也对弹性模量产生重要影响。沿纤维方向的弹性模量通常较高，而横纹方向的弹性模量较低。这意味着木材在不同方向上的弹性性能是不同的，设计中需要根据实际受力方向来选择木材的使用方向。木材的弹性模量是木结构设计中的重要参数，它直接影响到结构的刚度和强度。通过深入理解木材的弹性模量特性，可以更好地选择和应用木材，确保木结构在受力时具有良好的弹性行为，提高结构的稳定性和安全性。泊松比是描述材料变形特性的一个重要物理参数，对于木材在土木工程中的应用起着关键作用。泊松比是指材料在受到外部力作用时，在一个方向上的拉伸或压缩变形，会引起在垂直方向上的膨胀或压缩的程度。对于木材来说，其泊松比是一个重要的弹性参数，直接影响着木材的力学性能和变形行为。泊松比的数值通常为 0 ~ 0.5，对于绝大多数材料，包括木材，泊松比一般在 0.2 左右。这意味着在木材受到拉伸或压缩力时，横向的膨胀或压缩相对较小，木材具有一定的弹性。这个特性使得木材在土木工程中能够更好地适应各种外部力的作用，在结构中起到支撑和稳定的作用。在木材结构的设计中，泊松比的考虑对于模拟和预测结构的变形至关重要。例如，在梁或柱的设计中，需要考虑木材在受到外部载荷时的变形情况，泊松比的合理估计有助于准确地预测结构在实际工程中的性能。泊松比的值较小也表明木材在承受荷载时，其横向膨胀或压缩较小，从而有助于减小结构的挠度，提高结构的稳定性。泊松比的了解对于木材与其他材料的组合使用也至关重要。在不同材料组合的结构中，由于泊松比的差异，可能会引起不同材料之间的相互影响。这需要在设计和施工过程中进行充分的考虑，以确保整个结构的协同工作和稳定性。泊松比作为描述木材变形特性的一个重要参数，对于土木工程中木材结构的设计和分析具有重要意义。通过准确估计和考虑泊松比，可以更好地指导工程设计，确保木材结构在受力时表现出良好的弹性和稳定性。这对于提高木材结构的整体性能、延长使用寿命以及确保工程的安全性都具有积极的影响。

二、强度性质

木材的屈服强度和抗拉强度是衡量其抗弯和抗拉性能的两个重要指标。参数直接影响木材在土木工程中的结构设计和承载能力。屈服强度是指木材在受到外力作用下发生塑性变形的能力。当外力作用超过木材的屈服强度时，木材开始产生可逆的塑性变形。屈服强度是评估木材在抗弯承载能力方面的关键参数，它直接影响着木结构在受力时是否能够保持稳定。硬木通常具有较高的屈服强度，更适用于需要承受大荷载的情况。抗拉强度是指木材在拉伸作用下的抗力能力。抗拉强度是评估木材在受到拉伸荷载时的抗拉性能的指标，它直接影响着木材在悬挑结构、吊桥、索结构等工程中的应用。不同种类的木材具有不同的抗拉强度，通常硬木的抗拉强度较高，适用于需要承受拉伸荷载的工程。木材的屈服强度和抗拉强度受多种因素影响，包括木材的种类、纤维方向、含水率等。纤维方向对这两个强度参数的影响尤为显著，通常沿纤维方向的屈服强度和抗拉强度较高，而横纹方向则较低。在实际应用中，需要根据受力方向来选择木材的使用方向，以充分发挥其强度性能。综合考虑木材的屈服强度和抗拉强度，有助于合理设计木结构，确保其在受力时具有足够的承载能力和稳定性。对于不同种类和用途的木结构工程，需要根据具体情况选择合适的木材，以满足工程的强度要求。通过深入理解木材的强度特性，可以更好地指导工程设计，提高木结构工程的可靠性和安全性。抗压强度是描述其在受力状态下抵抗压缩作用的重要力学性质。抗压强度是指在材料受到压缩应力时，能够承受的最大应力值，通常以兆帕为单位。木材的抗压强度是土木工程中设计和评估木结构时必须重点考虑的一个参数。木材的抗压强度受到多个因素的影响。木材的物种类型是决定其抗压强度的关键因素之一。

不同种类的木材具有不同的纤维结构和纤维方向，导致其抗压强度存在差异。例如，硬木通常具有较高的抗压强度，而软木则相对较低。木材的含水率也对其抗压强度产生显著影响。湿木材在受力时表现出较差的抗压性能。在设计和使用木材结构时，需要考虑到木材的湿度状况，以确保合理的抗压强度。木材的抗压强度还与其纹理、年轮、生长环境等因素相关。木材纤维的方向、纹理的清晰程度以及木材的生长过程都会对抗压强度产生影响。通常情况下，纤维方向与作用力方向平行的情况下，木材的抗压强度最高。在实际土木工程中，对木材抗压强度的合理评估对于结构的安全性至关重要。在设计木结构时，需要根据实际情况选择合适的木材种类，并充分考虑其纹理和湿度等因素，以确保所选用的木材具有足够的抗压强度，能够满足结构的荷载要求。木材的抗压强度是其在承受压缩力时的关键性能指标，是土木工程中设计和评估木结构时，必须综合考虑的重要因素。通过充分了解木材的物理性质、湿度状态以及纹理结构，能够更好地预测和利用木材的抗压强度，确保工程结构的稳定和安全。

三、剪切性质

剪切强度是评估木材抗剪性能的重要参数，描述了木材在受到横向力作用时的抵抗能力。剪切强度在土木工程中具有关键意义，尤其是在设计和评估木结构的抗震和抗风性能时。木材的剪切强度受多种因素影响，其中纤维方向和含水率是两个主要的因素。沿纤维方向的剪切强度通常较高，因为木质细胞之间的纤维结合较为牢固。相反，横纹方向的剪切强度较低，这是由于木质细胞之间的连接较为松散。另一个影响剪切强度的因素是木材的含水率。含水率的增加会降低木材的剪切强度，因为水分的存在减弱了木质细胞之间的摩擦力和连接强度。在木结构设计中需要考虑木材的含水率，以确保结构的剪切性能。木结构中，常见的剪切连接方式包括螺栓连接、榫卯连接等。这些连接方式对木材的剪切性能提出了特殊要求，需要充分考虑木材的剪切强度和连接的稳定性。正确选择和设计连接方式，以确保木材之间的连接在受到横向荷载时具有足够的强度和稳定性，对于整体结构的安全性至关重要。剪切强度的理解对于合理设计和使用木结构至关重要。合适的木材选择、结构设计和连接方式设计能够充分发挥木材的抗剪性能，确保木结构在复杂荷载作用下保持结构的完整性和稳定性。在实际工程中，需要根据具体的工程要求和条件，合理选择木材的使用方向、含水率和连接方式，以确保木结构的剪切性能达到设计要求。木材的剪切模量是描述其抵抗剪切变形的力学性质之一，通常用来衡量材料在受到剪切应力时的变形能力。剪切模量是指在材料受到剪切力作用时，单位面积上的应力与剪切应变之间的比值。对于木材而言，剪切模量是土木工程中设计和评估木结构时的一个重要参数。木材的剪切模量受到多个因素的影响。木材的物种类型是决定剪切模量的重要因素之一。不同种类的木材具有不同的纤维结构和纤维方向，直接影响了其剪切模量的数值。硬木通常具有较高的剪切模量，而软木则相对较低。木材的含水率对其剪切模量也有显著影响。湿木材在受到剪切力作用时，由于水分的存在，可能表现出较大的变形，剪切模量相对较低。在实际土木工程中，需要考虑木材的湿度状况，以确保合理的剪切模量。木材的纹理、年轮、生长环境等因素也会对其剪切模量产生影响。木材纤维的方向、纹理的清晰程度以及木材的生长过程都是影响剪切模量的重要因素。通常情况下，纤维方向与作用力方向平行的情况下，木材的剪切模量最高。在实际工程中，对木材剪切模量的准确评估对于结构的设计和性能分析至关重要。设计木结构时，需要充分考虑木材种类、湿度、纹理结构等因素，以选择具有合理剪切模量的木材，从而确保结构在受力时表现出良好的剪切性能。木材的剪切模量是描述其剪切性能的重要力学参数，对于土木工程中木结构的设计和评估至关重要。通过深入了解木材的物理性质、湿度状态以及纹理结构等因素，能够更好地预测和利用木材的剪切模量，以确保工程结构的稳定和安全。

四、蠕变和疲劳性质

蠕变是一种随时间延长而发生的渐进性变形现象，对于木材而言，蠕变性能是在长时间荷载作用下的表现。木材在受到持续性荷载的情况下，可能会发生蠕变，导致结构的形变和变形。木材的蠕变性能受多种因素的影响，主要包括温度、湿度、荷载水平和时间。在较高的温度下，木材的蠕变性能通常更为显著。湿度的变化也会对木材的蠕变产生影响，因为湿度的变化导致木材含水率的波动，从而影响其蠕变性能。木材在长时间内受到恒定荷载时，可能会发生蠕变。蠕变是一种缓慢的、渐进的变形，可能会导致结构的长期变形。荷载水平越高，蠕变变形越显著。时间是蠕变的另一个关键因素，即使在相对较小的荷载下，长时间的作用也可能引起蠕变。为了减小木材的蠕变，设计中通常会考虑合理的预应力和构造形式，以减小长期荷载对木结构的影响。对于一些对结构变形要求较为严格的工程，也可能采用预压或其他手段来补偿木材蠕变带来的变形。木材的蠕变是一种长时间荷载作用下的渐进性变形，对木结构的长期稳定性和形变控制产生影响。在实际工程设计中，需要全面考虑木材的蠕变性能，通过合理的设计和施工手段，以保证木结构性能和稳定性。木材的疲劳性能是指在反复加载的情况下，材料在长时间内逐渐失效的倾向。疲劳现象在土木工程中是一个重要的考虑因素，尤其是在设计和使用木结构时，对于长期和反复荷载的情况，木材的疲劳性能显得尤为重要。木材的疲劳性能受多种因素的影响，其中一个关键因素是荷载的幅度和频率。木材在受到不同幅度和频率的加载时，可能会表现出不同的疲劳响应。在实际工程中，结构所受到的荷载通常是复杂多变的，因此对于木材的疲劳性能的理解和评估就显得尤为重要。木材的物种类型也是影响其疲劳性能的一个关键因素。不同种类的木材具有不同的纤维结构和物理特性，在面对疲劳荷载时的行为可能存在差异。硬木通常具有较好的疲劳性能，而软木可能相对较差。木材的湿度状态也会对其疲劳性能产生影响。湿木材在反复荷载下容易发生微观损伤，进而影响其疲劳寿命。在设计和使用木结构时，需要充分考虑木材所处的湿度环境，以避免疲劳效应对结构的不利影响。在木结构的设计中，通常需要进行疲劳寿命的评估。进行实验室试验和模拟分析，以确定木材在不同荷载条件下的疲劳性能。了解木材的疲劳特性，可以帮助工程师更好地预测结构在长期使用中的性能，避免疲劳失效可能带来的安全隐患。木材的疲劳性能是土木工程中一个需要认真考虑的重要因素。通过深入研究木材的种类、湿度状态以及荷载条件对其疲劳行为的影响，可以更好地指导木结构的设计和使用，确保其在长期使用中具有足够的稳定性和安全性。

五、温度和湿度对性质的影响

木材的性能受温度影响较为显著，温度的变化可能导致木材的物理性质和力学性能发生变化。温度的升高会导致木材的含水率减小。随着温度的上升，空气中的湿度通常会下降，从而使木材中的水分蒸发。导致木材发生干缩，从而影响其尺寸稳定性和形状。温度的升高也会影响木材的弹性模量。弹性模量是描述材料刚度的参数，随着温度的升高，木材的弹性模量通常会降低。导致木结构在高温环境中的抗弯和抗剪性能下降。温度的变化还会影响木材的抗拉和抗压强度。通常情况下，木材的抗拉和抗压强度在较高温度下会降低，这意味着在高温环境中，木结构的抗拉和抗压性能可能减弱。在阐述温度对木材的影响时，还需考虑温度的季节性变化。季节性的温度变化可能导致木材发生周期性的膨胀和收缩，从而影响结构的长期稳定性。这种季节性变化对于室外木结构的设计和维护至关重要。温度对木材性能的影响是多方面的，包括尺寸稳定性、弹性模量、抗拉和抗压强度等。在木结构的设计和使用中，需要充分考虑温度的变化，通过合理的设计和施工手段，以保证木结构在不同温度条件下的性能和稳定性。木材的湿度状态是一个关键因素，对其力学性质和使用性能产生显著的影响。湿度是指木材中所含水分的多少，这对于木材在土木工程中的设计和使用至关重要。湿度对木材的强度有着直接的影响。湿木材相对于干燥木材来说，通常表现出较低的抗拉、抗压和抗弯强度。这是因为水分的存在使木材纤维间的黏结力下降，导致其整体的力学性能减弱。在木结构设计中，需要考虑木材的湿度状态，以确保其在实际使用中充分满足结构的强度需求。湿度对于木材的稳定性和变形性能同样具有显著的影响。湿度的变化会导致木材的膨胀和收缩，这可能引起结构的变形和开裂。在湿度较高的环境中，木材吸湿膨胀；而在湿度较低的环境中，木材失水收缩。在木结构的设计和施工中，需要充分考虑木材的湿度变化，采取合适的预防措施，以减小木材的变形风险。湿度还会影响木材的导热性能。湿木材相对于干燥木材来说，通常具有较低的导热系数。这一特性对于一些需要考虑保温性能的工程项目而言具有一定的影响。在特定的应用场合，需要根据木材的湿度状态来选择合适的木材种类，以满足结构的保温要求。木材的湿度状态在土木工程中具有重要的意义。对于木结构设计来说，必须充分考虑木材的湿度变化对其强度、稳定性、变形性能和导热性能的影响。通过深入了解木材在不同湿度条件下的性质，才能更好地指导木结构的设计和施工，确保其在实际使用中具有足够的稳定性和性能。

第三节 木材的防腐与防火

一、防腐木材的分类与特性

防腐木材是一类经过特殊处理以提高其抗腐蚀性能的木材，主要用于户外建筑、园艺景观和水上建筑等领域。压力处理是一种常见的防腐木材处理方法，它通常使用CCA（铜铬砷）或其他防腐剂。这些木材在加压处理过程中，防腐剂被迫渗透到木材的纤维中，提高了木材的抗腐蚀性能。压力处理木材适用于户外地板、围栏、甲板等应用。热处理是一种利用高温处理木材的方法，以改变木材的结构，使其更加耐腐蚀。这种处理方式不使用化学防腐剂，通过高温使木材中的淀粉和其他有机物质发生变化，增强其抗腐蚀性。热处理木材适用于户外家具、装饰材料等。在木材表面涂覆防腐油漆是一种常见的防腐处理方式。油漆通常包含有抗真菌和防水的成分，能够有效防止木材受到湿气、露水等因素的侵蚀。防腐油漆涂层木材适用于室外家具、栏杆等。乙烯基防腐木材是通过将乙烯基树脂注入木材中，提高其抗腐蚀性能。这种处理方式对环境较为友好，适用于户外建筑、园艺景观等。木材表面炭化处理是一种通过高温使木材表面发生碳化反应的方法。这种处理方式能够形成一层坚硬的表面，提高木材的抗腐蚀性能。炭化处理木材适用于户外楼梯、桥梁等。采用微生物杀菌技术是一种环保的防腐处理方法。通过使用天然的微生物杀菌剂，能够有效防止木材受到真菌、藻类等微生物的侵蚀。这种处理方式适用于园林景观、木制桥梁等。不同的防腐木材种类在不同的应用场景中都能发挥其独特的优势，提供长久耐用的木材解决方案。选择适合具体用途的防腐木材种类，有助于确保木材在户外环境中能够保持稳定和耐久。防腐木材的防腐机理主要涉及木材表面防护和防腐剂的渗透作用。这些机理的综合作用有助于提高木材的耐腐蚀性能，延长其使用寿命。防腐木材的一项关键措施是在木材表面形成一层有效的防护层。这可以通过采用各种防护性涂料或油漆来实现。这种涂层能够形成一个物理屏障，防止水分和空气中的氧气直接接触木材，从而减缓木材表面的氧化过程。这一层防护层还能够降低紫外线的辐射对木材的影响，减少紫外线引起的光化学反应，有助于保持木材的原始性能。防腐木材的防腐机理中另一项关键措施是使用防腐剂。防腐剂通常是一些含有特定化学成分的液体或固体物质，能够渗透到木材内部，并与木质纤维结合，形成一层保护膜，防止真菌、细菌和其他微生物的生长。这样可以防止木材因微生物的侵蚀而腐烂，提高木材的抗腐蚀性能。防腐剂的渗透机理是通过木材的毛细管结构，使防腐剂能够深入木质结构的内部。这通常需要使用压力注入、浸渍或真空处理等方法，以确保防腐剂充分渗透到木材的各个部位。不同类型的防腐剂具有不同的渗透性能，因此在选择和使用防腐剂时，需要根据木材的种类和使用环境做出合理的选择。防腐木材的防腐机理涉及到木材表面的防护和防腐剂的渗透作用两个方面。这两种机理的协同作用能够有效地保护木材免受腐蚀的侵害，提高其抗腐蚀性能，延长使用寿命。在实际应用中，要根据具体的木材类型和使用环境，采取合适的防腐措施，确保防腐木材能够在各种条件下保持稳定和耐久。

二、化学防腐剂的应用

木材作为一种重要的建筑和装饰材料，在使用过程中常受到风吹雨打、虫蛀腐蚀等自然力量的侵蚀，需要采用化学防腐剂进行保护。常见的化学防腐剂主要包括煤焦沥青、铜铬砷盐、有机铜、三氯杀菌剂等。通过不同的机制，有效地延缓木材的老化过程，提高其使用寿命，从而在建筑和工程领域发挥着重要的作用。煤焦沥青是一种天然的沥青类物质，它具有很强的抗水性和抗氧化性能。煤焦沥青防腐的原理在于其能够渗透到木材纤维结构中，形成一层保护膜，防止水分和空气的侵蚀，从而有效延缓木材的腐烂和老化过程。铜铬砷盐是一种常见的无机防腐剂，其主要成分包括铜、铬和砷等金属元素。这些金属元素具有强烈的抑菌和抗真菌作用，能够有效防止木材受到真菌和微生物的侵害。铜铬砷盐还具有一定的渗透性，能够深入木材内部形成保护层，提高木材的防腐性能。有机铜是一类有机金属化合物，其分子中含有铜元素。有机铜具有良好的抗水性和抗真菌性能，能够有效地防止木材受到湿气和真菌的侵害。有机铜防腐的机制主要是通过其分子结构中的活性基团与木材表面发生化学反应，形成一层稳定的保护膜，从而提高木材的抗腐蚀性能。三氯杀菌剂是一类广泛应用于木材防腐的化学品，其主要成分包括三氯甲烷、三氯乙烷等。三氯杀菌剂通过其强烈的杀菌作用，能够有效地抑制木材中的微生物生长，防止真菌和细菌对木材的侵害。三氯杀菌剂还具有一定的渗透性，能够深入木材结构中形成抗菌保护层，提高木材的使用寿命。煤焦沥青、铜铬砷盐、有机铜和三氯杀菌剂等化学防腐剂在防止木材老化和腐蚀方面发挥着重要作用。这些防腐剂通过不同的机制，包括形成保护膜、抑制微生物生长等方式，有效地提高了木材的抗腐蚀性能，延缓了木材的老化过程，从而增加了木材的使用寿命。化学防腐剂是一类广泛应用于各个领域的物质，用于防止金属、木材和其他材料受到腐蚀和损害。在实际应用中，化学防腐剂的使用方法多种多样，取决于不同材料的特性和使用环境的要求。对于金属材料，化学防腐剂通常以涂覆的形式应用，如喷涂、刷涂、浸渍等。这样的应用方法可以形成一层保护性的膜，阻止金属与空气、水或化学物质接触，从而减缓或阻止金属的腐蚀过程。对于一些复杂形状的金属构件，也可以采用浸渍或喷涂的方式，确保防腐剂充分覆盖并渗透到所有可能受腐蚀的表面。在木材保护方面，化学防腐剂的应用方法主要包括浸渍、刷涂和喷涂。浸渍是一种常见的方法，通过将木材浸泡在化学防腐剂中，使其充分渗透到木质纤维内部，形成防腐保护层。刷涂和喷涂则通常用于木材表面，以确保防腐剂均匀分布在木材表层，提高木材的防腐性能。对于一些复杂的工业设备和管道等构件，化学防腐剂的应用方法可能涉及内部涂层。这种方法通过在构件内部形成一层均匀的防腐膜，防止内部金属受到腐蚀。这通常需要精确的施工技术和配方设计，以确保防腐剂能够充分涂覆构件内部的各个区域。化学防腐剂还可以通过注入或喷雾的方式应用于混凝土表面。这种应用方法在建筑和基础设施工程中较为常见，通过形成防腐保护层，延长混凝土的使用寿命，提高其抗腐蚀性能。化学防腐剂的应用方法因材料和应用领域的不同而有所差异。通过涂覆、浸渍、刷涂、喷涂等方式，化学防腐剂能够在不同环境条件下有效地保护材料，延长其使用寿命，为各种工程和制造领域提供了可靠的腐蚀防护措施。

三、防火木材的种类与标准

耐火木材种类众多，广泛应用于建筑和装饰领域。这些木材因其在高温条件下的稳定性和抗火性能而备受青睐。硬木类耐火木材是一类独具特色的选项。这类木材的密度相对较高，具有较好的抗火性能。橡木是硬木中的佼佼者，其坚硬的质地和密度使其在火灾中表现出色。除橡木外，枫木、胡桃木等也因其结构紧密、密度大的特点而被广泛应用于耐火木材的制作。

软木类木材也在耐火领域中有其独特的地位。软木类木材因其低密度和导热性较小的特性，在火灾中表现出较好的耐火性。松木是软木中的代表，其天然的抗腐蚀性质和轻质的特点使其成为一种理想的耐火木材选择。人工处理的木材种类也在耐火木材领域中发挥着不可忽视的作用。经过防火处理的木材，如用阻燃涂料或防火涂层处理过的材料，能够在一定程度上提高木材的抗火性能。这对于改善木材的火灾安全性具有积极意义。在实际应用中，各种耐火木材种类的选择取决于具体的建筑需求和设计目标。在高温、火灾频发的场所，如商业建筑、公共场所等，更倾向选择那些具有较好耐火性能的硬木或软木，以提高整体的火灾安全性。而在一些装饰和家具制作领域，人工处理的木材种类也能够满足一定的防火要求。耐火木材种类繁多，各具特色。在选择时，需要综合考虑木材的密度、导热性、抗腐蚀性等多个因素，以确保木材在高温条件下具备良好的稳定性和安全性。通过科学合理地选用不同种类的耐火木材，可以为建筑和装饰工程提供更加可靠的防火保障。防火木材是一种经过特殊处理，具备较高防火性能的木材。其防火标准是根据不同国家或地区的法规和标准来规定和执行的。在这方面，美国、欧洲和其他地区都有防火木材标准。美国的防火木材标准主要由美国木材协会等组织制定。这些标准通常基于木材的防火性能进行分类，以确保在建筑结构中使用的木材具有符合建筑防火要求的特性。美国的防火木材标准也常常涉及木材处理的方法，如阻燃剂的使用，以提高木材的防火性能。欧洲的防火木材标准由欧洲标准化组织负责制定。这些标准通常涵盖了木材的防火等级、防火性能测试方法以及木材的使用条件等方面。欧洲对防火木材的要求相对严格，尤其在一些建筑领域，如公共建筑和高层建筑中，对防火木材的标准要求更为严格。澳大利亚也有防火木材标准，由澳大利亚木材协会等组织制定和管理。澳大利亚的标准一般涵盖了木材的抗火性能测试方法、防火性能等级和木材处理方法等方面。各个国家和地区的防火木材标准在制定和执行时，通常考虑到当地的法规、气候条件和建筑要求等因素。这些标准旨在确保在建筑领域使用的木材能够在火灾发生时表现出良好的防火性能，从而降低火灾风险，保障建筑结构的安全性。随着技术和研究的不断进步，防火木材标准也在不断更新和完善，以适应建筑行业的发展和变化。

四、防火涂层和防火设计

耐火木材防火涂层是一种在木材表面施加的保护层，可提高木材在火灾条件下的阻燃性能，防止火势蔓延。这类涂层具有重要的应用价值，可以广泛用于建筑、室内装饰和其他需要防火保护的场所。耐火木材防火涂层的主要成分包括阻燃剂、黏合剂和填料。阻燃剂是防火涂层的核心组成部分，在火灾发生时，释放出一些化学物质来抑制火焰的蔓延。而黏合剂用于将阻燃剂与木材牢固黏合，形成一层坚固的防护层。填料则有助于提高涂层的厚度和密度，增加木材的隔热性能。防火涂层的性能与施工工艺密不可分。在施工阶段，需要确保涂层均匀、牢固地附着在木材表面，以保证其在火灾中的有效性。采用合适的施工工艺和技术，可以确保防火涂层在极端条件下仍然能够发挥作用。不同种类的耐火木材防火涂层适用于不同的场合。例如，对于室内装饰和家具，通常会选择外观美观的、透明度较好的防火涂层，以保持木材的原始外观。而在一些高风险的建筑中，如商业大楼、高层公寓等，更倾向于采用性能更为突出的、具有更高阻燃级别的防火涂层，以提供更加全面的火灾防护。耐火木材防火涂层还需要考虑其在使用过程中的持久性和稳定性。因为这些涂层往往需要长期暴露在室内或室外环境中，要保证其不受自然环境的影响，确保其阻燃性能不会随时间而降低。耐火木材防火涂层在建筑和装饰中具有广泛的应用前景。通过科学合理的成分配比、优质的施工工艺以及适应性强的涂层类型，可以为木材提供可靠的防火保护，更加安全可靠地应用于各类建筑场所。耐火木材防火设计的原则主要涉及木材的材质、处理方式以及结构设计等方面。选择合适的木材种类至关重要。耐火木材的防火性能与其材质密切相关，一般需要选用密度较大、含水率较低的木材种类，以提高木材的耐火性。防火木材的处理是关键的一环。采用防火涂层、阻燃剂等处理方式，能够有效提高木材的防火性能，形成一层保护层，延缓木材的燃烧速度，降低火灾风险。通过改良木材的表面处理方法，如炭化处理等，也能够增强木材的耐火性能。防火木材的结构设计也至关重要。采用合理的截面形状、构造方式和连接方式，有助于提高整体结构的抗火性能。在结构设计中充分考虑木材之间的连接部分，采用防火密封材料，确保火灾发生时火势难以蔓延。建筑的整体设计要符合防火规范，包括适当的防火隔离带设置、消防设施配备等方面。整体设计应考虑建筑的使用功能、人员疏散通道的设计和建筑周围的环境因素等，形成一个综合的、有机的防火体系。耐火木材防火设计的原则是多方面的，涉及木材的选择、处理、结构设计和整体建筑设计等方面。通过综合考虑这些因素，可以有效提高防火木材的整体性能，确保在火灾发生时建筑结构能够保持较高的耐火性，从而降低人员伤亡和财产损失。

五、木材的维护与检测

木材检测是确保木材质量和性能的关键过程，旨在满足不同行业对木材的特定要求。主要的木材检测方法是视觉检测。通过肉眼观察木材的外观，包括色泽、纹理、裂缝和疤痕等，来判断木材的外观质量和可能存在的表面瑕疵。观察木材的切面，可以了解木材的纹理和年轮情况，为其用途提供参考。除了视觉检测，还可以通过声学检测方法来评估木材的质量。敲击木材表面并听取声音，可以根据声音的变化来判断木材的紧密度和可能的空洞部分。对于发现隐蔽缺陷和虫蛀洞非常有效。声学检测还可以用于评估木材的弹性和硬度，为木材在不同用途中的性能提供参考。电阻率测定是另一种常用的木材检测方法。通过在木材中测量电阻率，可以了解木材的含水率和导电性能。这对于评估木材的干燥程度、防腐处理效果以及判断木材是否受潮等方面非常有帮助。电阻率测定还可用于检测木材中是否存在金属物质，如钉子或螺钉，从而避免对加工设备的损坏。木材密度测定是确定木材质量的重要方法之一。通过测量单位体积内的木材质量，可以得到木材的密度值。密度是衡量木材质地、坚固度和硬度的关键指标，对于不同用途的木材选择具有重要意义。超声波检测是一种广泛用于木材检测的非破坏性方法。通过在木材内传播超声波，并根据波的传播速度、衰减和反射等特性，可以推断木材的内部结构、湿度和弹性等参数。这种方法对于发现木材中的隐蔽缺陷、虫蛀洞和裂纹等问题具有高度的敏感性。超声波检测还可以用于评估木材的抗压强度和剪切强度等力学性能。X 射线检测是一种高精度的木材质量检测方法。通过照射木材并记录透射或散射的 X 射线图像，可以获得木材内部的详细结构信息。对于检测木材中的隐蔽缺陷、异物和内部裂纹等问题非常有效，为木材质量的全面评估提供了重要手段。木材检测是确保木材质量和性能的重要步骤，涵盖了多种方法和技术。视觉检测、声学检测、电阻率测定、木材密度测定、超声波检测和 X 射线检测等方法在不同场合和用途中发挥着各自的优势，为木材行业提供了全面而有效的质量控制手段。木材作为一种常见的建筑和家具材料，经过一段时间的使用后，定期维护变得至关重要。定期维护可以有效延长木材的使用寿命，保持其外观和性能，提高整体的耐久性。定期维护的重要性在于保养木材表面。木材表面往往会受到阳光、雨水、风吹等自然因素的侵蚀，导致表面产生裂缝、变色、褪色等问题。通过定期维护，可以及时清理木材表面的污垢和附着物，采用合适的木材保养产品，如木材保养油或润滑剂，来防止木材表面的老化和损伤，保持其光泽和色彩。定期维护也包括对木材结构的检查和修复。木材在使用过程中可能受到潮湿、虫蛀、霉菌等影响，导致木材结构的损伤。通过定期的检查，可以及时发现和处理木材表面或内部的问题。对于发现的裂缝、缺损或虫蛀，可以采用修复补救的方法，如使填充剂、胶水等,以加固木材的结构,防止问题进一步扩大。定期维护还需要考虑对木材的防腐处理。特别是在户外使用的木制建筑、园艺家具等，容易受到湿气、虫害等因素的影响。通过定期的防腐处理，可以提高木材的抗潮湿性、防虫性，延缓木材的老化过程，确保其在湿润环境中的稳定性和耐久性。对于室内的木制家具，定期维护也包括对家具表面的保养和清洁，避免其长时间暴露在阳光下，及时擦拭清理其表面的灰尘和污垢，保持家具的整洁和美观。木材定期维护是确保木材长时间使用的关键步骤。通过定期清理、修复、防护等手段，可以有效保护木材的表面和结构，延长其使用寿命，保持木材的美观和性能，使其更好地适应不同环境和用途。这种维护的方法既有助于节约资源，又符合可持续发展的理念，是对木材品质和可靠性的一种有效保障。

第四节　木材的综合利用

一、木材的基础知识与分类

木材是一种天然的植物纤维材料，主要由树木的干部组成，其主要成分包括纤维素、半纤维素和木质素等。是自然界中最古老、最广泛应用的建筑和制造材料之一。木材的来源主要是从树木中获得，树木是一类长在地球上的植物，通常具有木质的根、茎和分枝。树木通过光合作用，将二氧化碳和水转化为碳水化合物，其中就包括木质纤维。木材在树木中的形成是一个复杂的过程，涉及细胞的生长、分化和木质部的形成。木材的基本结构主要由纤维和细胞组成。木质纤维是木材中的主要成分，是一种由纤维素构成的长形细胞，其长度可达数毫米，直径较细。这些纤维在木材中形成了织构，决定了木材的强度和硬度等物理性能。细胞壁中还包含半纤维素和木质素等成分，这些物质使木材具有抗压、抗拉和抗腐蚀等特性。细胞是构成木材的基本单位，它包括纤维细胞、管胞和射线细胞等。管胞主要负责输送水分和养分，而射线细胞则有助于木材的横向传导。整体上，木材的基本结构是一个由多种细胞组织构成的层次分明的结构，这种层次性决定了木材的各种性能和用途。木材作为一种天然材料，是由树木中的纤维和细胞组成的。它的形成过程涉及树木的生长和细胞发育，其基本结构由纤维和细胞组成。木材是人类使用历史最长的建筑和制造材料之一，广泛应用于建筑、家具、工艺品等领域。其天然的、可再生的特性使得木材在可持续发展的时代中仍然具有重要地位。不同种类的木材在建筑和家具行业中有着广泛的应用，包括硬木、软木和人工板材。它们具有独特的特性和用途，满足了不同领域的需求。硬木是一类密度较高、纹理较硬的木材。橡木、胡桃木、枫木等是硬木的代表。硬木因其坚硬的质地和优美的纹理而常被用于高档家具、地板和装饰。硬木的耐久性较强，能够抵御潮湿和虫害，在建筑和家居装修中备受欢迎。软木则是一类密度相对较低、纹理较软的木材。松木、柏木等属于软木的范畴。软木通常轻便、易加工，广泛用于家居装饰、建筑结构和木工制品等领域。由于软木具有较好的隔音和隔热性能，在需要保温和隔音的场合得到了广泛应用。人工板材是由木质纤维或木屑与胶黏剂混合制成的。常见的人工板材包括刨花板、纤维板、胶合板等。人工板材的生产工艺使其具有均匀的材质和强度，同时具有一定的防潮性能。人工板材广泛用于家具、地板、橱柜等领域，其可塑性强、价格适中的特点使其成为大规模生产和工业化加工的理想选择。不同种类的木材在建筑和家具行业中各具特色，满足了不同领域的需求。硬木以其坚硬和美观的特性而受到青睐，软木因其轻便和隔音性能而被广泛应用，人工板材则因其可塑性和价格优势而在大规模生产中得到了广泛应用。不同种类的木材在不同场合展现出各自独特的优势，共同构建了丰富多样的木材产业。木材是一种具有多种物理和力学性质的天然材料，这些性质直接影响着木材的应用和性能。木材的密度是其物理性质中的一个重要指标。密度可以影响木材的强度、硬度和质地等力学性质，是评估木材质量和选用适当用途的重要标准。木材的湿度是一个重要的物理性质。木材具有吸湿和释湿的能力，其湿度水平直接影响着木材的体积变化和弯曲变形。湿度还与木材的导电性有关，对于一些特定的应用，如电气绝缘材料，木材的湿度也是一个关键因素。木材的热导率也是其物理性质的一个方面，决定了木材的导热性能。这对于一些需要考虑隔热性能的应用，如建筑和家具制造，具有重要的影响。木材的力学性质涉及一系列力学指标，其中最为重要的是抗拉、抗压、抗弯和抗剪等强度性质。木材的抗拉强度是指木材在受拉力作用下的抵抗能力，而抗压强度则是指木材在受压力作用下的抵抗能力。抗弯强度是评估木材在受到弯曲力时的能力，而抗剪强度则是评估木材在受到剪切力时的抵抗能力。这些强度性质直接影响了木材在结构工程和其他应用中的承载能力和稳定性。除了强度性质，木材的弹性模量也是其力学性质中的一个关键参数。弹性模量描述了木材在受力作用下的弹性变形程度，对于结构设计和计算具有重要意义。木材的硬度是另一个力学性质，反映了木材表面的抗刮擦和抗压痕性能。这对于木材在家具、地板等领域的应用具有实际意义。木材的物理和力学性质是多方面因素综合作用的结果。这些性质不仅直接影响着木材的适用范围和性能，也是评估木材质量、制定木材标准以及合理选用木材用途的基础。深入了解木材的物理和力学性质，有助于更科学地利用这一天然材料，促进木材产业的可持续发展。

二、木材的加工与制造

切割是木材加工的第一步，通常采用的方法有锯切和刨削。锯切是将原木按照需要的尺寸和形状用锯子切割成木材。不同的锯切方式可以产生不同类型的木材，如板材、方材等。刨削则是通过机械设备将原木的表面层刨去，得到光滑的木材表面。这有助于提高木材的表面质量，更适合用于家具、地板等高要求的应用。干燥是木材处理的重要环节，其目的是降低木材的含水率，提高稳定性和防止腐败。传统的干燥方法包括空气干燥、阳光干燥和烘箱干燥等。空气干燥是将木材放置在通风的环境中，利用自然风力和温度逐渐将水分蒸发出去。阳光干燥则是将木材暴露在阳光下，通过太阳能的作用进行干燥。烘箱干燥是通过控制温度和湿度，采用烘箱设备进行人工加热干燥。这些方法各有优劣，取决于木材的种类和用途。防腐处理是为了提高木材的抗腐蚀性能，延长其使用寿命。常见的防腐处理方法包括化学防腐、热处理和涂覆等。化学防腐是在木材中加入防腐剂，通过浸渍、喷涂或刷涂等方式，使防腐剂渗透到木材内部，形成保护层。热处理是通过高温处理木材，使天然物质产生化学变化，增强其抗腐蚀性。涂覆则是在木材表面施加一层保护性的涂层，防止湿气和微生物的侵入。这些防腐处理方法能够显著提高木材的耐候性和抗腐蚀性，使其更适用于户外建筑、桥梁和地下工程等恶劣环境中。切割、干燥和防腐处理是木材加工中的重要步骤。通过科学合理的切割方式，可以得到符合需求的木材形状和尺寸。干燥过程有助于提高木材的稳定性和耐久性，防腐处理能够延长木材的使用寿命，使其在各种应用场合都能够发挥良好的性能。这些工艺措施为木材产业提供了可靠的质量保障，同时也促进了木材的广泛应用。

三、木材在建筑与家具制造中的应用

人工板材是通过对木材进行加工和制造而得到的一类木质材料，其制作过程涉及多个步骤和工艺。原材料的准备是制造人工板材的关键步骤之一。通常采用的原材料包括木片、木屑或纤维，来自木材的加工剩余物、废弃物或人工种植的经济林木。原材料的选择直接影响到人工板材的质量和性能。在人工板材制造的过程中，胶合是一个至关重要的步骤。通过在木材颗粒之间或层与层之间施加胶黏剂，将原材料黏结在一起，形成一个坚固的整体结构。胶合板是其中一种常见的人工板材，其制作过程中采用胶合技术。胶合过程中使用的胶黏剂种类繁多，包括尿素醛胶、酚醛胶、异氰酸酯胶等。胶合板的种类和性能取决于所使用的胶黏剂类型和配方。刨花板是另一种常见的人工板材，其制作过程涉及木材的刨花和胶合。木材经过刨花机加工，产生细小的刨花。这些刨花通过添加胶黏剂、施加压力和加热等工艺，被紧密地黏合在一起，形成刨花板。质量和性能受到刨花的大小、胶黏剂的使用量以及胶合工艺的影响。人工板材制造中的另一个关键步骤是成型和热压。通过成型，将胶合好的木材颗粒或刨花放入特定的模具中，然后进行热压。热压的目的是加强胶合剂的固化，确保人工板材具有较高的强度和稳定性。也有助于使板材表面平整、光滑。人工板材需要经过修整和涂装等工艺，以满足不同用途的需求。修整过程中，将板材的边缘切割成规整的形状，提高其美观度和精度。涂装则可以改善板材的表面性能，增加其防水、防潮等特性。木材在建筑结构中的应用有着悠久的历史，是一种自然、可持续的建筑材料。其独特的性质和适用性使得木材在不同类型的建筑中发挥着重要的作用。木材常常用于搭建建筑的基本骨架，如梁、柱和横梁等。这些结构元素可以通过木材优良强度和刚性，为建筑提供稳固的支撑和承载能力。梁和柱的组合形成了建筑的结构骨架，而横梁则有助于分散和传递上部结构的荷载，形成一个坚固而稳定的整体。木材在建筑的墙体和地板结构中也得到广泛应用。木质墙体可以通过木材的优越的隔热性能，为建筑提供良好的保温效果。木地板能够创造温暖、舒适的室内环境，具备足够的承载能力。这种应用方式既满足了建筑结构的要求，又充分发挥了木材的装饰和舒适性能。木材还常常用于建筑的屋顶结构。木质屋顶结构不仅能够形成独特的建筑风格，还具备良好的抗风、抗震性能。木质屋顶的构造可以通过合理的设计，实现较大跨度而不失稳定性，为建筑提供更广阔的空间。木材在建筑结构中的应用不仅仅局限于传统的住宅建筑，还广泛运用于商业建筑、文化建筑和体育建筑等领域。例如，木材在大跨度建筑中的应用，如体育馆的梁柱结构和展览馆的屋顶设计，展现了木材在实现建筑创新和艺术性方面的卓越表现。木材在建筑结构中的应用得益于其天然、环保、可再生等特性。通过合理的设计和施工，木材不仅能够满足建筑结构的强度和稳定性要求，还能够为建筑带来独特的美学效果和温馨的室内环境。木材在现代建筑领域中仍然具有重要的地位，为建筑结构提供了多样性和可持续性的选择。人工板材的制造过程是一个复杂的工程，包括原材料的准备、胶合、成型和热压等多个步骤。每一步骤的工艺和技术都直接影响了人工板材的质量和性能。通过不断改进和创新，人工板材制造技术不断提高，为各种应用领域提供了多样化的可选择材料。木材的加工工艺和机械设备是木材产业中至关重要的一环。木材的加工过程既复杂又多样，需要依赖一系列先进的机械设备，以满足各种不同类型和规格的木材加工需求。木材的加工可以分为原木的初加工和成品的二次加工两个主要阶段。初加工通常包括原木的锯切、去皮、刨削等步骤，以将原木初步加工成适合进一步加工的半成品。这个阶段需要使用各种木材加工机械设备，如圆锯、带锯、去皮机等。这些设备具有高效、精准的特性，能够在短时间内完成大量的原木初加工工作。二次加工则包括对半成品进行精细加工，以生产出各种木制品，如家具、地板、梁柱等。在这个阶段，木材加工工艺更为复杂，需要运用高精度的机械设备，如木工刨床、木工铣床、榫卯机等。这些设备能够精细加工木材，保证成品的质量和精度。木材的加工工艺和机械设备的发展日新月异。现代木材加工已经引入了计算机数控技术，使木材的加工更为智能化和自动化。数控刨床、数控铣床等设备能够根据预先设计好的程序自动完成各种加工操作，提高生产效率和产品质量。木材的干燥工艺也是木材加工过程中不可忽视的一环。干燥是为了减少木材含水率，提高其稳定性和硬度。干燥工艺通常采用干燥窑等专业设备，以确保木材在后续的加工和使用过程中，不易变形和开裂。木材的加工工艺和机械设备在木材产业中具有至关重要的地位。随着科技的不断进步，木材加工工艺和设备将不断创新，以适应市场需求和提高生产效率。木材产业的发展也将借助先进的加工技术和设备，迎来更为广阔的发展前景。

四、木材能源利用

木材作为生物质能源的利用方式是一种古老而有效的能源获取途径。独特的特性使得木材在生物质能源领域发挥着重要作用。木材是一种天然的可再生资源，其来源广泛而丰富。通过合理的林业管理和植树造林，可以确保木材的可持续获取。这种可再生性使得木材在生物质能源的利用过程中不会造成资源枯竭和环境问题，符合可持续发展的理念。木材的能量密度相对较高，燃烧时能够释放大量的热能。木材中主要包含纤维素、半纤维素和木质素等有机物质，在燃烧时可以释放出大量的热能，用于供暖、烹饪和工业生产等领域。这使得木材成为一种经济而高效的生物质能源。木材的燃烧过程相对干净，产生的废弃物少。与一些化石能源相比，木材燃烧所释放的二氧化碳相对较少，对环境的影响相对较小。木材作为生物质能源的利用方式有助于减少温室气体排放，有利于缓解气候变化问题。木材还可以通过生物质发电、生物质燃料和生物质液体燃料等方式，转化为其他形式的能源。生物质能源的利用方式多样化，可以满足不同领域和应用的需求。例如，生物质发电利用木材的燃烧产生的热能发电，生物质燃料可以用于替代传统的石油燃料，生物质液体燃料则可用于交通运输领域。木材作为生物质能源的利用方式具有多方面的优势。其可再生性、高能量密度、相对清洁的燃烧过程以及多样化的利用方式，使得木材在满足能源需求、推动可持续发展和减缓气候变化等方面发挥了重要的作用。在未来，随着生物质能源技术的不断发展和创新，木材作为生物质能源的地位将更加凸显，为能源领域提供可持续、清洁的解决方案。木材作为生物质资源，具有潜在的热能和生物质发电的应用价值。其应用涉及土木工程领域，包括供热系统、生物质发电厂等方面，为可再生能源的利用提供了一种可行的途径。热能利用是木材在土木工程中的一个重要应用方向。木材燃烧时释放的热能可用于供热系统，为建筑物提供温暖。这种方式既可以通过直接燃烧木材来产生热能，也可以通过生物质热电联产技术实现同时发电和供热。这样的系统不仅能够提供可靠的能源，还能降低对传统能源的依赖，具有显著的环保效益。生物质发电是将木材等生物质资源转化为电能的过程。通过生物质燃烧、气化或发酵等技术，木材中的碳化合物被释放出来，并通过发电设备转化为电能。生物质发电是一种相对清洁的能源转换方式，可用于供电、发电等领域。在土木工程中，生物质发电可作为一种可再生能源的选择，有助于减少对传统化石能源的依赖，推动可持续发展。木材的生物质发电还可以与其他可再生能源相结合，形成混合能源系统，提高整体能源利用效率。例如，与太阳能、风能等相结合，形成综合能源系统，以满足不同场景下的能源需求。这样的综合应用有助于构建更为可靠和稳定的能源供应体系。木材的热能和生物质发电应用在土木工程中具有潜在的广阔前景。通过科学合理的技术手段，能够将木材转化为清洁、可持续的能源，为社会提供稳定可靠的能源供应，推动土木工程领域的可持续发展。木材废弃物的能源回收利用在土木工程中具有重要的意义。废弃的木材主要来源于建筑拆除、木材加工剩余、家具废弃等，通过科学有效的回收利用，可以实现资源的再利用和能源的高效利用。废弃的木材可以被用于生物质能源发电。通过将废弃的木材进行燃烧，释放的热能可以用于发电，为社会供应电力。不仅能够有效减少废弃物对环境的负面影响，还能够提供清洁、可再生的能源。木材废弃物可以通过生物质热能利用方式，如生物质锅炉、生物质热水器等，为建筑供应暖气和热水。这种方式既可以有效利用木材的能量，同时也有助于替代传统的能源形式，减少对非可再生能源的依赖。木材废弃物还可以被加工成木质颗粒或木质炭等形式，用于生产生物质燃料。这些生物质燃料可以替代煤炭、天然气等传统的燃料，降低对非可再生资源的开采和使用，有利于环境保护和可持续发展。在土木工程中，废弃的木材还可以被应用于建筑和结构的再利用。通过对木材进行再加工和处理，可以制作成木质建筑材料，如再生木材板、木质地板等。这有助于减少对新木材的需求，降低木材的开采压力，推动建筑行业向更加可持续的方向发展。木材废弃物的能源回收利用对土木工程领域具有积极的影响。通过有效回收和利用木材废弃物，可以实现资源的循环利用，减少对自然资源的开采，降低环境污染，同时为建筑和社会提供清洁、可再生的能源。这种可持续的利用方式有助于推动土木工程领域朝着更加环保、经济和社会可持续的方向发展。

五、木材的环保与可持续发展

木材作为建筑材料在土木工程中具有显著的环保优势和可持续性。木材是一种可再生的自然资源。通过科学的林业管理和植树造林，确保木材的可持续获取。相较于一次性使用的非可再生材料，木材的可再生性使其成为一种更为环保和可持续的选择。合理利用森林资源，保持生态平衡，有助于维护生态系统的健康和稳定。木材的生产过程相对低碳且能耗较低。木材的生产所需能源较少，生产过程中释放的温室气体相对较少，相比于一些其他建筑材料，木材在生命周期分析中具有较低的环境影响。这符合低碳经济和绿色建筑的理念，有助于减缓气候变化。木材在建筑过程中具有轻质、易加工的特点，减少了施工对能源和资源的需求。相比于一些重质建筑材料，使用木材可以降低建筑的整体重量，减轻结构负荷，同时简化建筑过程，提高施工效率。木材还具有良好的隔热性能。其细胞结构和含水率使其成为优良的隔热材料，能够在冷季提供保温效果，而在炎热季节则减轻建筑内部的热量积聚。这有助于减少对冷暖设备的依赖，提高建筑的能效性能。木材的天然美观性有助于创造舒适宜人的建筑环境。木材的纹理和颜色丰富多样，为建筑带来温暖和自然的感觉，同时，有助于提升居住者的舒适感和生活质量。

木材在土木工程中的环保优势和可持续性主要表现在可再生性、低碳生产、轻质易加工、优良的隔热性能以及天然美观等方面。通过合理的林业管理、生产过程控制和建筑设计，木材能够充分发挥其优势，为建筑行业提供一种更为环保和可持续的建筑材料选择。木材的循环利用和再生利用在土木工程中具有重要的意义。通过对废弃木材的有效处理和再利用，不仅可以降低资源浪费，减轻环境负担，还能为建筑和基础设施的可持续发展做出贡献。循环利用木材的一个关键方式是通过回收和再加工。废弃的木材可以通过回收站或专业的木材回收中心进行回收，然后经过筛选、处理和修复等工艺，得到可再利用的木材材料。这些再生木材可以用于建筑、家具、装饰等领域，实现废弃木材的再生利用，减少对新木材的需求。循环利用还包括对木材的再生能源利用。废弃的木材通过燃烧、气化等技术转化为热能，用于供热或发电。这种方式不仅减少了对传统能源的依赖，还有效降低了木材的排放和处理成本。再生利用木材的一个关键环节是对废弃木材进行合理的处理和再利用规划。通过对建筑拆除、家具废弃等过程中产生的木材进行分类和处理，可以实现废弃木材的最大化再生利用。例如，通过将废弃木材进行粉碎，可以制成木屑板材或木质颗粒，用于生产环保建材或生物质燃料。在土木工程中，再生木材的应用可以涵盖建筑结构、装修材料等多个方面。再生木材可以被重新设计和加工，制成新型的建筑结构材料，用于建造更环保和可持续的建筑。通过将再生木材用于家具、地板等室内装饰材料，不仅减少了对原生木材的需求，还为消费者提供了更环保的选择。木材的循环利用和再生利用是土木工程领域迈向可持续发展的一项关键举措。通过合理规划和科学技术手段，将废弃木材转化为再生木材，不仅可以有效减少资源浪费和环境污染，还有助于推动土木工程领域的绿色发展，实现资源的循环利用。木材产业的环保措施和可持续发展策略，是实现生产与自然环境和谐共存的关键。这一行业的环保工作涵盖多个方面，旨在减少资源消耗、降低排放，推动木材产业向更加可持续的方向发展。

木材产业在林业管理上采取了一系列措施。通过实施林业认证制度，确保木材的合法和可持续采伐，防止非法砍伐和滥伐。推动林业保护和植树造林，维护生态平衡，促进森林的可再生和可持续发展。这些措施有助于保护自然资源，减少生态破坏，实现木材产业的环保目标。木材生产过程中注重节能减排。引入先进的生产技术和设备，提高木材的生产效率，减少能源消耗。采用清洁能源替代传统的能源形式，减少生产过程中的二氧化碳排放。通过建立和优化生产流程，降低对环境的负担，实现木材产业的可持续发展。木材的加工过程中注重循环利用。通过对生产废弃物和副产品的合理回收和再利用，减少资源浪费，提高木材的利用率。将废弃木材转化为生物质能源，或加工成木质颗粒、木质板材等新型材料，延长木材的使用寿命，实现资源的最大化利用。木材产业还注重产品的环保性能。推动研发和生产环保型木材产品，降低对环境的污染。采用低甲醛、无甲醛等环保胶黏剂，选择无毒、无害的木材防腐剂，确保木材产品对人体和环境的安全。木材产业通过推动创新，加强行业标准和监管，促进绿色技术和可持续发展理念的应用。鼓励企业加入环保联盟，共同推动木材产业的绿色转型。促使产业从传统的以量为主的发展模式，转向质量和效益并重的可持续发展路径。木材产业的环保措施和可持续发展策略包括从林业管理到生产过程再到产品的整个生命周期，涵盖了资源利用、能源消耗、废弃物管理等方面。这一系列的措施有助于实现木材产业的可持续发展目标，促使其在土木工程领域发挥更加环保和经济的作用。

第十章　沥青与防水材料

第一节　沥青与沥青混合料

一、基础知识与分类

沥青是一种具有高黏性的天然或人工产生的有机物质，通常呈黑色或深棕色，是一种在常温下呈半固态状态的物质。沥青在自然界中有多种来源，也可以通过加工和提炼石油得到。它的基本性质包括黏度高、可溶性差、耐腐蚀、柔韧性好等。沥青的来源可以追溯到自然界，其中最常见的来源是石油。在石油中，沥青是一种重质组分，由于其较大的分子结构，它通常沉淀在油井和石油提炼设备中，形成所谓的“沥青块”。除了石油，沥青还可以从一些沥青矿石中提取，这些矿石主要包括沥青质页岩和沥青砂。通过矿石的加工和提取，人们可以获取天然沥青。天然沥青的产生过程主要涉及有机质的分解和热液运移。在地球深层，有机质在高温和高压下发生热解反应，产生气体和液体烃。这些液体烃在地层中通过运移，最终形成了富含沥青的地层。沥青还可以通过人工生产的方式得到。在油砂和页岩油的提炼过程中，通过热裂解等工艺，可以将其中的沥青分离出来。这种人工提取方式广泛应用于石油工业，使得沥青的生产更为灵活和可控。沥青具有高黏度的特性，在低温下呈半固态或固态状态。由于其黏性，沥青常用于道路建设中的沥青混凝土，它能够在高温下流动，填充道路表面的空隙，形成坚固的路面。沥青还被广泛应用于屋顶防水、防腐涂料、胶黏剂等领域。沥青的可溶性相对较差，不溶于水，但可以在一些有机溶剂中溶解。这种特性使得沥青在一些涂料和密封材料中得到应用。由于其对水的不溶性，沥青具有优异的防水性能，被广泛用于屋顶、防水涂料等领域。沥青还具有较好的耐腐蚀性能，对一些化学物质的侵蚀相对较强。这使得沥青在防腐领域有一定的应用，如在管道、储罐等设施的涂层中，能够有效抵御大气和土壤中的腐蚀物质。沥青是一种多用途的有机物质，具有高黏度、耐腐蚀、不溶于水等特性。其天然来源包括石油、沥青质页岩和沥青砂，同时也可以通过石油提炼和人工生产的方式获取。在建筑、道路、防水、涂料等领域，沥青发挥着重要的作用，成为现代工程和生活中不可或缺的材料之一。沥青作为土木工程中的重要建筑材料，存在多种不同种类，包括天然沥青、改性沥青等。这些不同种类的沥青在工程应用中具有各自的特性和优势。天然沥青是一种从矿石中提取的天然矿物质。其主要成分为碳氢化合物，具有较好的黏附性和流动性。由于其天然来源，天然沥青在某些地区具有丰富的储量。它常被用于路面施工，具有较好的抗水性和耐久性，能够有效防止路面开裂和水渗透。改性沥青是通过对天然沥青进行化学或物理处理，性能得到改良的一类沥青。改性沥青可以通过添加聚合物、橡胶等材料来提高其黏附性、耐磨性和耐老化性。这使得改性沥青在特殊环境条件下，如高温、寒冷和高交通负荷下，具有更好的性能表现。在道路工程中，改性沥青被广泛应用，可以提高路面的强度和耐久性。橡胶改性沥青是一种通过将废旧橡胶与沥青混合而成的改性沥青。这种类型的沥青在提高路面性能的同时也是一种对废弃橡胶的有效再利用方式，有助于减少废弃物的排放，具有良好的环保效益。沥青能够提高路面的抗裂性、柔韧性和黏附性，适用于高强度交通负荷和极端气候条件下的路面施工。不同种类的沥青在土木工程中发挥着重要作用。天然沥青具有丰富的自然资源，适用于一般路面工程；改性沥青通过对天然沥青进行处理，提高了其性能，适用于更为苛刻的工程条件；而橡胶改性沥青和聚合物改性沥青则代表了对废弃物的环保再利用和对先进技术的应用，有望在未来的土木工程中得到更广泛的应用。沥青混合料是土木工程中常用的道路建设材料之一，它是由沥青和骨料以及其他辅助材料按一定比例混合而成的复合材料。沥青混合料的种类繁多，根据混合温度、制备方式和用途等因素的不同，可以分为多种类型，其中热浆沥青混合料和冷浆沥青混合料是两种常见的沥青混合料。热浆沥青混合料是一种在高温下制备的混合料，其制备过程需要将沥青预先加热至高温状态，以使其具有较好的黏附性和流动性。骨料在沥青加热的同时被拌和，形成均匀的混合料。这种混合料在施工过程中具有较好的可塑性和流动性，可以更好地适应路面的形状，提高路面的耐久性和抗裂性。冷浆沥青混合料则是在较低温度下制备的混合料。相对于热浆沥青混合料，冷浆沥青混合料的制备过程中无须对沥青进行高温加热，节省了能源和降低了生产成本。冷浆沥青混合料在温度较低的环境中同样表现出良好的工程性能，逐渐成为一种受欢迎的选择。根据骨料的粒径不同，沥青混合料还可分为粗骨料沥青混合料和细骨料沥青混合料。粗骨料沥青混合料的骨料粒径相对较大，适用于要求路面抗滑性较好的场所，如高速公路。而细骨料沥青混合料则骨料粒径较小，适用于城市道路等要求平整度和舒适性较高的场所。根据混合料的配方和性能要求，还可以分为普通沥青混合料和改性沥青混合料。改性沥青混合料在普通沥青混合料的基础上通过添加改性剂，改善了混合料的抗龟裂性、抗老化性和抗水损性，提高了路面的耐久性和抗变形性。沥青混合料的概述涉及了多种类型，热浆沥青混合料和冷浆沥青混合料是其中两个重要的类别。这些沥青混合料在不同的工程场合中具有各自的优势和适用性，为土木工程中的道路建设提供了多样化的选择。

二、沥青的特性与测试方法

沥青是一种土木工程中广泛应用的建筑材料，其物理性质对于其在路面、防水、屋顶覆盖等方面的工程应用具有关键影响。沥青的黏度是其物理性质中的一个重要参数。黏度决定了沥青在不同温度下的流动性和可加工性。低温下的高黏度有助于沥青在路面上形成均匀的涂层，提高路面的耐久性；而高温下的适度黏度则使得沥青能够更好地与骨料混合，确保路面材料的均匀性和稳定性。沥青的柔韧性是其在土木工程中应用的另一个关键物理性质。柔韧性决定了沥青在受到外力或温度变化时的变形能力和回弹性。优良的柔韧性使得沥青能够保持较好的形变能力，减缓路面龟裂和疲劳损伤的发生。沥青的渗透性也是其物理性质中的一个重要方面。渗透性决定了沥青对水分的阻隔能力。在道路工程中，具有良好渗透性的沥青可以有效防止水分渗入路基，从而减少路面的软化和龟裂，提高路面的耐久性。沥青的比重是指单位体积的质量，也是其重要的物理性质之一。通过调整沥青的比重，可以控制沥青与骨料的黏附性和相容性，确保混凝土或沥青混凝土的强度和稳定性。沥青的温度敏感性是指在不同温度下的性质变化。温度敏感性直接影响了沥青的施工和使用性能。在低温环境下，温度敏感性较高的沥青更容易形成均匀的涂层，而在高温环境下，较低的温度敏感性有助于沥青的耐高温性。沥青的物理性质在土木工程中的应用至关重要。通过合理控制和调整沥青的黏度、柔韧性、渗透性、比重和温度敏感性等物理性质，可以满足不同工程需求，确保沥青在路面、屋顶、防水等领域的有效应用。沥青作为土木工程中常用的建筑材料，其化学性质主要涉及分子结构、化学成分和物理性质等方面。从分子结构上来看，沥青是一种高分子聚合物，主要由碳、氢、氧和少量的氮、硫等元素组成。其分子结构中含有大量的碳碳键和碳氢键，具有良好的黏性和黏附性。沥青的分子结构主要由碳链和环状结构组成，碳链主要是直链和支链，而环状结构则是由碳原子形成的芳香环。这种结构特点使得沥青在常温下呈半固态或黏性流动状态，赋予了沥青较好的柔韧性和可变形性，适用于各种道路和建筑材料的需求。沥青的化学成分主要包括沥青质、油分、渣分等。沥青质是沥青的主要成分，是一种高分子聚合物，其分子量较大，具有较好的黏附性和可塑性。沥青中的油分主要是一些轻质的烃类物质，具有挥发性，会在沥青受热时蒸发。而渣分则是沥青中的残渣部分，主要是一些较重的高分子物质，赋予沥青较好的抗变形和耐久性。沥青的物理性质受到其化学成分的影响，其黏性和流动性是由沥青质的高分子结构决定的。在道路建设中，这种流动性和黏性使得沥青能够填充路面表面的微小裂缝，形成坚实的路面结构。沥青的抗水损性和抗氧化性也是其优良的化学性质之一，使得路面具有较好的耐久性。沥青的耐高温性能是其在道路建设中广泛应用的重要原因之一。沥青在高温下能够保持较好的流动性，有助于混合料的施工和均匀铺设。在低温下，沥青仍能保持较好的柔韧性，不易出现脆裂现象，提高了路面的耐寒性。沥青作为一种复杂的有机物质，其化学性质在道路建设中发挥着重要的作用。其高分子结构、化学成分和物理性质共同决定了沥青在不同环境和条件下的性能表现，使其成为土木工程中不可或缺的建筑材料之一。沥青质量的测试方法在土木工程中至关重要，它直接关系到沥青材料的性能和工程的质量。以下将探讨几种常见的沥青质量测试方法，质量测试的一项关键内容是沥青的密度测试。密度是指沥青单位体积的质量，通常以克/立方厘米为单位。通过密度测试，可以了解沥青的紧实度和质量分布情况。常见的测试方法包括容重法和核磁共振法，前者通过称量一定体积的沥青来计算密度，后者则利用核磁共振技术测定样品的质量。沥青的黏度测试是评估其流动性和可加工性的关键方法。黏度是指沥青在一定温度下流动的阻力，常用单位为帕·秒。在土木工程中，沥青的黏度测试可以采用旋转黏度计或动态黏度仪等设备，通过施加一定剪切力来测定。这有助于了解沥青在施工和使用过程中的流动性能，保证工程质量。质量测试中不可忽视的一项是沥青的渗透性测试。渗透性是指沥青对水的阻隔性能，常用单位为达西。在土木工程中，通常采用洛斯角法或瀑布法M等进行渗透性测试。这些方法通过施加一定压力，测定水分渗透沥青的速率，为工程中的防水设计提供关键数据。沥青的溶解度测试也是质量评估的一项重要指标。通过测定沥青在特定溶剂中的溶解度，可以了解其化学组成和纯度。溶解度测试通常采用反应瓶法或倾倒法，通过观察溶解程度来判断沥青的质量。对沥青的变形和稳定性进行试验也是土木工程中的一项必要步骤。这可以通过动态剪切试验、弯曲试验等来评估沥青在不同条件下的强度和变形性能，为路面工程的设计提供科学依据。沥青质量的测试方法涵盖了密度、黏度、渗透性、溶解度和变形稳定性等方面。通过科学合理的测试手段，可以全面了解沥青的性能，为土木工程中的合理选用和施工提供可靠的依据。

三、沥青混合料的设计与施工

沥青混合料设计是土木工程中至关重要的一环，质量直接关系到道路工程的性能和寿命。在进行沥青混合料设计时，有一系列原则需要遵循，以确保最终的混合料能够满足工程的要求。原材料选择是沥青混合料设计的基础。混合料中的主要组成部分包括骨料和沥青。在骨料的选择中，需要考虑其粒径分布、矿料的硬度、吸水性等因素，以确保混合料具有足够的强度和稳定性。对于沥青的选择，则需要考虑其黏度、温度敏感性、变形性能等，以确保混合料具有适应不同环境和使用条件的性能。沥青含量的确定是沥青混合料设计中的关键步骤之一。适当的沥青含量既要保证混合料的流动性和可加工性，又要确保混合料的强度和耐久性。通过对骨料的吸沥青性、沥青的渗透性等因素的分析，可以合理确定沥青含量，以实现最佳的混合料性能。粒度分布的合理设计也是沥青混合料设计的重要原则。混合料中骨料的粒度分布直接影响了混合料的力学性能和稳定性。合理的粒度分布应当在一定范围内，既要确保混合料的强度，又要保证其具有足够的密实性。通过对不同粒径骨料的混合比例进行优化设计，可以实现混合料的性能平衡。沥青混合料的稳定性设计也是一个重要的原则。稳定性是指混合料在交通荷载下不发生塑性变形和破坏的能力。通过合理的沥青含量、骨料的粒度分布和沥青与骨料之间的黏附性设计，可以提高混合料的抗变形性和稳定性。环境因素的考虑也是沥青混合料设计中的一个重要原则。不同地区、不同季节和不同交通负荷条件下，混合料的性能要求会有所不同。在进行混合料设计时，需要充分考虑工程所在地的气候、交通负荷和使用环境等因素，以确保混合料能够表现出优越的性能。综合考虑以上原则，沥青混合料的设计可以更好地满足不同工程需求，保障道路工程的安全、耐久和稳定。通过科学合理的设计方法，可以使沥青混合料更好地适应不同的使用环境，提高道路工程的质量和寿命。沥青混合料施工工艺是土木工程中道路建设的关键环节，其主要包括原材料准备、混合料生产、铺设和压实等步骤。这一系列工艺流程的合理实施，直接影响着沥青路面的质量和性能。原材料准备是施工工艺的第一步。在沥青混合料中，主要原材料包括沥青、骨料、填料和添加剂等。沥青需要在施工前进行质量检测，确保其黏度和温度符合施工要求。骨料是混合料的主要支撑体，需要具备一定的硬度和坚固性。填料主要是用于填充骨料之间的空隙，提高混合料的密实性。添加剂则可根据实际需要添加，如改性剂用于提高混合料的性能。混合料生产是沥青混合料施工的核心环节。在混合料生产中，首先将骨料和填料按一定比例投入混合料生产设备中。将事先加热的沥青均匀喷洒到骨料上，并进行充分搅拌。这个过程需要严格控制沥青的温度，以确保其良好的润湿性和均匀分散在骨料表面。混合料生产完成后，接下来是混合料的铺设和压实。在铺设过程中，将混合料均匀铺设在道路表面，并通过振动辊进行初期压实。压实过程中，需要根据混合料的种类和要求进行适度的振动和夯实，以确保混合料的均匀性和致密性。在压实的过程中还需进行适度的调整和修正，以保证沥青混合料的最终平整度和强度。施工完成后，还需要进行后续的养护工作。这包括对新铺设的沥青路面进行湿养护，防止其过早龟裂。湿养护过程中需要控制路面的温度和湿度，使沥青混合料充分固化和硬化。还需定期巡检和维护路面，及时修复和处理可能出现的损坏和缺陷，以延长道路使用寿命。沥青混合料施工工艺是一个复杂而关键的过程，涉及多个步骤和环节。在整个工艺流程中，需要精心设计和严格控制各项参数，以确保混合料的质量和道路的耐久性。只有通过科学合理的施工工艺，才能实现道路工程的高质量、高效率建设。

四、沥青路面性能与维护

沥青路面作为土木工程中重要的道路结构层，其力学性能直接关系到道路的承载能力、稳定性和使用寿命。了解沥青路面的力学性能，对于道路工程的设计、施工和维护具有重要的意义。沥青路面的抗压性能是其最基本的力学性能之一。抗压性能决定了路面在受到交通荷载时的承载能力。通过对沥青混合料的设计和路面结构的布置，可以使沥青路面具有足够的抗压强度，确保其在车辆荷载作用下不会发生沉陷或破坏。沥青路面的弯曲性能也是一项重要的力学性能。弯曲性能表现为路面在受到横向荷载（如弯曲和横向变形）时的抗力。合理设计沥青混合料的骨料粒径分布、沥青含量和结构布局，可以提高路面的抗弯性能，减缓路面的变形和破坏。沥青路面的抗剪性能也是评估其力学性能的关键指标。抗剪性能主要涉及沥青混合料内部的黏结和沥青与骨料之间的相互作用。通过合理设计沥青混合料的沥青含量、骨料表面状态和沥青与骨料之间的黏附性，可以提高路面的抗剪强度，增加路面的稳定性和耐久性。沥青路面的疲劳性能也是一个重要的考量因素。疲劳性能指的是路面在交通荷载作用下，经历多次加载和卸载循环后的抗疲劳性。通过合理设计沥青混合料的骨料形状、沥青含量和沥青性能，可以提高路面的抗疲劳性，延长路面的使用寿命。耐水性和耐高温性也是沥青路面力学性能的两个重要方面。耐水性能涉及路面在潮湿环境中的稳定性，而耐高温性能则关系到路面在高温季节的抗软化和抗变形能力。通过对沥青混合料的配方和路面结构的设计，可以提高路面的耐水性和耐高温性，确保路面在不同气候条件下的稳定性和耐久性。沥青路面的力学性能是一个多方面的综合性能，需要通过合理的设计和施工来保证。通过深入研究和了解沥青混合料的各项性能指标，可以更好地指导沥青路面的设计和施工，确保路面在实际使用中具有优越的力学性能，提高道路工程的质量和寿命。沥青路面的耐久性和抗老化性能是其在土木工程中广泛应用的重要指标，直接关系到道路的使用寿命和维护成本。这两个性能方面的表现受到多种因素的综合影响，包括材料的选择、施工工艺、交通负荷、气候条件等方面。耐久性是评估沥青路面使用寿命的重要指标之一。耐久性主要受到沥青混合料的配方设计、骨料的质量、施工工艺等因素的影响。合理的混合料设计能够确保路面具有良好的抗压强度和耐磨性，使得路面能够承受交通负荷和各种外力作用，延长路面的使用寿命。骨料的选择也对路面的耐久性有重要影响，合适的骨料能够提高混合料的密实性和稳定性，降低路面的开裂和变形风险。抗老化性能是沥青路面长期使用过程中需要考虑的关键性能之一。沥青作为一种有机高分子化合物，容易受到紫外线、氧气、水分等外界环境因素的影响，从而发生老化现象。为了提高沥青路面的抗老化性能，通常采用添加剂的方式对沥青进行改性。添加剂中的抗氧化剂和紫外线吸收剂等成分能够有效地延缓沥青的老化过程，提高其稳定性和耐久性。沥青路面的抗水损性也是其耐久性的重要方面。水分的渗入会导致路面内部的松散，从而降低了混合料的稳定性，容易引起路面沉降、龟裂等问题。在沥青混合料的设计中需要考虑到抗水损性，采用合适的添加剂和工艺措施，提高沥青路面的抗水损性。交通负荷是影响沥青路面耐久性的一个重要因素。交通负荷的频繁作用会使路面受到动态荷载的反复变化，容易引起疲劳损伤。在路面设计和施工中，需要充分考虑交通负荷的影响，采用适当的厚度和强度设计，确保路面能够承受各类车辆的运行。沥青路面的耐久性和抗老化性能是一个综合性的问题，需要在混合料设计、施工工艺和添加剂选择等方面进行合理的考虑和控制。通过科学有效的路面设计和维护措施，能够提高沥青路面的使用寿命，降低维护成本，为道路工程的可持续发展提供有力的支持。

五、沥青在特殊工程中的应用

沥青在机场跑道和停机坪等特殊场合的应用具有重要的地位。这种应用涉及多方面的技术和工程要求，以满足机场特殊场地的高强度、耐久性和平整度等方面的需求。机场跑道和停机坪的沥青混合料设计需要考虑到航空交通对路面的高要求。沥青混合料的设计应当注重强度、抗压性、抗剪性等方面的性能。通过采用高质量的骨料、适宜的沥青含量以及合理的混合比例，可以使沥青混合料在航空交通荷载下具有较强的承载能力和耐久性。机场跑道和停机坪的平整度要求较高，以确保航空器在起降和滑行过程中的安全运行。沥青路面在施工时需要采用先进的平整度控制技术，如激光平整度控制系统等。这有助于实现沥青路面的平整度目标，提高机场道面的水平度，降低航空器在滑行过程中的颠簸感和垂直振动。机场跑道和停机坪的沥青路面需要具备良好的抗滑性和防滑性能。因为机场经常受到雨雪天气和湿润环境的影响，路面湿滑容易影响飞机的操作和行驶。通过选择合适的骨料和添加防滑剂等措施，可以提高沥青路面的抗滑性，确保机场运行的安全性。机场沥青路面还需要考虑燃油和化学物质的抗腐蚀性。在机场运行中，飞机可能泄漏燃油或其他化学物质，对路面造成腐蚀。沥青路面的设计需要具备较好的耐化学腐蚀性，通过选用耐油性好的沥青材料和添加特殊的抗化学物质剂，可以减缓路面的腐蚀速度。沥青在机场跑道和停机坪等特殊场合的应用，要求综合考虑强度、平整度、抗滑性、耐腐蚀性等方面的性能。通过科学合理的设计和施工，可以确保机场沥青路面在复杂的运行环境中具有优越的性能，保障飞机起降和地面行驶的顺畅和安全。

沥青在桥梁、隧道和高速公路工程中的广泛应用是土木工程领域的重要实践，其独特的性能和适用性使其成为这些工程中不可或缺的建筑材料之一。沥青在桥梁工程中的应用主要体现在桥面铺装。桥面作为桥梁结构的上部承载面，需要具备一定的抗压强度、耐磨性和抗滑性。沥青混合料作为桥面铺装的常见材料，能够满足这些要求。沥青混合料在桥面施工中，通过合理的配方设计和施工工艺，能够形成坚实耐久的路面结构，提供平稳、安全的行车表面。在桥梁施工中，特殊形式的桥梁如悬索桥和斜拉桥等，其桥面对于沥青的要求更为严格。沥青路面在这些桥梁上的应用，不仅需要考虑到承受车辆荷载的性能，还需要考虑到桥梁振动和变形对路面的影响。在桥梁工程中，沥青的配方和施工工艺需要更为精细化，以确保路面与桥梁结构的协调性和稳定性。隧道工程中沥青的应用主要体现在隧道内的路面和内壁涂层。隧道内的环境复杂，受到汽车尾气、潮湿和尘土等因素的影响。沥青路面能够形成坚实的行车表面，同时沥青的抗水性和抗腐蚀性能使其适用于隧道内部的路面涂层，防止路面开裂和结构腐蚀。在高速公路工程中，沥青是常用的路面材料之一。高速公路对于路面的要求较高，需要具备较好的平整度、抗滑性和耐久性。沥青路面能够通过混合料的设计和施工工艺的合理控制，使路面达到高速公路的要求，保障了高速公路的通行安全和畅通。在这些工程中，沥青的优势主要体现在良好的可塑性和可变形性，能够适应各种复杂的工程结构形式。沥青路面具有较好的防水性能和良好的抗腐蚀性，能够有效保护桥梁、隧道和高速公路结构，延长其使用寿命。沥青在桥梁、隧道和高速公路工程中的应用具有广泛性和重要性。通过科学合理的设计和施工，沥青为这些工程提供了可靠的路面结构，为现代交通基础设施的建设和发展做出了积极的贡献。

第二节　防水涂料

一、基础知识与分类

防水涂料是一种应用于土木工程中的材料，主要功能是在建筑结构表面形成一层防水膜，防止水分渗透到结构内部，保护建筑材料免受水分侵蚀和损害。防水涂料的基本原理是通过形成防水膜，阻止水分的渗透，达到防水的效果。防水涂料的基本组成包括树脂、添加剂、溶剂等。树脂是防水涂料的主要成分之一，常用的有丙烯酸树脂、聚氨酯树脂等。这些树脂具有良好的附着性和耐水性，能够形成坚固的涂膜，起到防水的作用。添加剂包括增塑剂、防腐剂等，能够改善涂料的性能和使用寿命。溶剂则是用于稀释和调整涂料的黏度，使其更易施工。防水涂料在土木工程中的应用主要是为了保护建筑结构免受水分侵蚀。水分是建筑材料的天敌，长期的水分渗透会导致混凝土的龟裂、钢筋锈蚀等问题，严重影响建筑结构的安全性和耐久性。防水涂料通过形成一层坚固的防水膜，有效隔绝了外界水分，保护了建筑结构的完整性。防水涂料的作用不仅仅局限于建筑结构的外墙，还可以用于屋顶、地下室、水池、管道等场所。在屋顶防水中，防水涂料可以形成一层连续的防水膜，防止雨水渗透到建筑内部。在地下室防水中，防水涂料可以有效防止地下水的渗透，保持地下室的干燥。在水池和管道防水中，防水涂料能够抵御介质中的水分，防止水分对结构的腐蚀和侵蚀。防水涂料的基本原理是通过涂覆在建筑结构表面形成一层防水膜，阻止水分的渗透。这一膜层具有一定的柔韧性和附着性，能够适应结构表面的形状变化，确保防水效果的持久性。通过科学的涂料配方和合理的施工工艺，防水涂料在土木工程中发挥了重要的保护作用，延长了建筑结构的使用寿命，提高了结构的耐久性和可靠性。防水涂料在土木工程中有着广泛的应用，不同类型的防水涂料具有独特的特性和适用场景。一种常见的防水涂料是沥青基防水涂料。沥青基防水涂料通常以改性沥青为主要成分，通过添加改性剂、填料等进行调配。这类防水涂料具有良好的柔韧性和抗老化性能，适用于屋面、地下室、隧道等多种场合。它能够有效地抵抗水分渗透，形成连续的防水膜，提供可靠的防水效果。另一类常见的防水涂料是聚合物改性防水涂料。其主要以聚合物乳液为基础，通过添加填料、增稠剂等进行改性。

聚合物改性防水涂料具有优越的附着力、耐候性和耐腐蚀性，广泛用于屋面、墙体、地下室等建筑结构的防水处理。它能够形成灵活、弹性的防水膜，适应各种复杂的建筑结构。异氰酸酯防水涂料也是一类重要的防水涂料。它主要由异氰酸酯树脂、聚醚多元醇、填料等组成。具有较高的耐磨性和化学稳定性，适用于大型水体储存设施、桥梁结构、隧道等特殊场合。异氰酸酯防水涂料在施工后能够形成坚硬、耐久的防水层，提供长效的防水保护。丙烯酸乳液防水涂料也是一种常见的选择。它以丙烯酸乳液为基础，通过添加助剂、稳定剂等进行改性。这种涂料具有较好的粘结力和耐候性，适用于屋面、地下室、卫生间等建筑结构的防水处理。丙烯酸乳液防水涂料在施工后形成柔韧、无缝的防水层，提供可靠的防水效果。不同类型的防水涂料具有独特的特性，包括沥青基防水涂料、聚合物改性防水涂料、异氰酸酯防水涂料和丙烯酸乳液防水涂料等。在选择防水涂料时，需要根据具体的工程需求、施工环境和使用要求来合理选用，以确保防水效果达到最佳状态。

二、防水涂料的性能与测试方法

防水涂料作为土木工程中常用的材料之一，其物理性能对于其在建筑结构防水中的效果至关重要。以下将从物理性能的角度对防水涂料进行论述：涂膜的附着力是防水涂料的重要物理性能之一。涂膜附着力直接关系到防水涂料在建筑表面的附着牢固程度。具有良好附着力的防水涂料能够紧密粘附在建筑结构表面，形成坚固的防水膜，有效地防止水分的渗透。强大的附着力也能够确保涂膜不易剥离，提高防水涂料的使用寿命。防水涂料的耐水性是其物理性能的重要指标之一。耐水性直接影响着防水涂料在水分环境中的稳定性。一旦防水涂料失去耐水性，就可能导致涂膜开裂、脱落等问题，从而减弱防水效果。耐水性强的防水涂料能够在潮湿环境下保持较好的性能，确保防水膜的持久有效。防水涂料的柔韧性也是其物理性能的重要考量。柔韧性表示涂膜在结构变形时的适应性和延展性。建筑结构由于自身荷载、温度变化等原因可能发生微小的变形，具有一定柔韧性的防水涂料能够适应这些变形，保持涂膜的完整性，防止裂缝的产生。防水涂料的硬度也是一个重要的物理性能参数。适度的硬度能够保障防水涂料在外力作用下不易受到划伤或损坏，提高其抗磨损性能，增强涂膜的耐久性。过硬的涂膜可能在结构发生变形时产生开裂，因此硬度的选择需要综合考虑建筑结构的特点和使用环境。防水涂料的耐候性也是其物理性能的一项重要指标。耐候性主要包括抗紫外线性能和耐温度变化性能。具有良好耐候性的防水涂料能够在长时间的日晒和温度变化中保持稳定性，不易发生老化、脱落等现象。防水涂料的物理性能直接影响其在土木工程中的实际效果。通过合理设计和选择防水涂料，确保其附着力、耐水性、柔韧性、硬度和耐候性等物理性能的平衡，能够在建筑结构中起到可靠的防水作用，提高结构的耐久性和可靠性。防水涂料的化学性能是其在土木工程中应用的关键因素之一，直接影响到涂料的附着力、耐腐蚀性、耐候性等方面的性能。防水涂料的基体树脂是其主要成分，常见的有沥青、聚合物乳液、异氰酸酯、丙烯酸乳液等。基体树脂的性质直接关系到涂料的附着力和耐候性。例如，聚合物乳液具有良好的弹性和耐候性，能够适应各种气候条件下的工程需求。防水涂料中常添加各种助剂，如稳定剂、增稠剂、防腐剂等。这些添加剂对涂料的性能有着重要影响。稳定剂能够提高涂料的稳定性，增稠剂可改善涂料的流动性，而防腐剂则有助于提高涂料的抗腐蚀性。部分防水涂料中可能含有挥发性有机化合物，这与涂料的干燥速度、挥发性和环境友好性有关。在环保意识逐渐提高的今天，防水涂料更受欢迎，以减少对环境的不良影响。防水涂料在室外环境中需具备良好的抗紫外线性能，以保障涂层的长期耐候性。添加合适的紫外线吸收剂或稳定剂能够提高涂料的抗紫外线性能，延长其使用寿命。防水涂料在面对各种化学物质时需要具有一定的耐腐蚀性。这尤其重要，例如，在工业环境中，涂料需要抵御酸碱等腐蚀性物质的侵蚀，确保防水效果的持久性。耐磨性和硬度部分场合需要涂料具有较高的耐磨性和硬度，以应对机械磨损和摩擦。这对于地面或交通道路的防水涂料尤为重要，能够增加涂层的耐久性。黏结力防水涂料的黏结力直接关系到其与基层的结合情况。良好的黏结力能够确保涂料层与基层之间形成稳固的连接，提高涂层的稳定性和持久性。防水涂料的化学性能对于其在土木工程中的应用至关重要。通过合理选择和设计涂料的成分及添加剂，可以提高防水涂料的性能，确保其在各类工程环境中发挥最佳的防水效果。

三、防水涂料的施工工艺

在进行防水涂料的准备和施工前的处理过程中，需要经过一系列的工序和注意事项，以确保涂料能够在建筑结构表面形成坚固、持久的防水膜。以下是针对这个过程的讨论：准备工作中包括了对施工现场的清理和准备。施工现场应保持干燥、清洁，确保无尘、无杂物。尤其对于基材表面，必须进行清理和处理，确保表面光滑、均匀。清理可以采用喷砂、刷洗等方法，将基材表面的油污、尘土等彻底清除。这样有助于提高涂料与基材的附着力。对于基材的修补和处理是施工前关键的一步。检查基材表面是否存在裂缝、孔洞等缺陷，必要时进行修补。对于较大的裂缝和孔洞，可以采用填充材料进行修补，确保基材表面平整。对于有脱壳、腐蚀等问题的基材，需要进行修复和防腐处理，以确保基材表面的质量和稳定性。基材的预处理也是准备工作中的重要环节。预处理包括了对基材进行湿润处理或干燥处理，具体取决于涂料的性质和建筑环境。湿润处理主要是为了提高基材表面的附着性，而干燥处理则是为了确保涂料能够更好地吸附在基材表面。在进行湿润处理时，需注意确保基材表面的水分均匀分布，以避免涂料涂覆时出现不均匀的附着问题。对于不同类型的防水涂料，稀释和搅拌也是施工前的重要步骤。涂料的稀释可以采用相应的溶剂，确保涂料的流动性和涂覆性。搅拌涂料是为了使其中的成分均匀混合，确保涂料在施工时具有一致的性能。搅拌涂料的过程需要注意搅拌的时间和速度，以避免气泡的生成和成分的分层。施工前的处理，还包括了对涂料的试涂和试验。试涂是为了验证涂料在基材上的附着性和效果，可根据试涂结果进行调整和改进。试验则包括了对涂料的性能、干燥时间等方面的测试，确保施工过程中能够根据实际需要进行合理的操作。防水涂料的准备和施工前的处理是确保涂料在建筑结构上形成可靠防水膜的关键步骤。通过对施工现场、基材表面的清理、修补、预处理，以及对涂料的稀释、搅拌和试验等细致入微的准备工作，可以提高施工的效率和防水效果，确保涂料在建筑结构上形成坚固、耐久的防水屏障。在防水涂料施工中，质量控制是确保工程长期稳定运行的重要环节。应在施工前对施工材料进行全面检测，以确保其符合相关标准和规范。在施工现场，要确保施工人员熟悉施工工艺和操作规程，特别是对涂料的搅拌、稀释和施工厚度等方面的要求。在施工过程中，应随时监测涂料的黏度和固化时间，以确保施工质量。对基层表面的处理也是防水涂料施工的关键步骤。在施工前，必须对基层进行充分的清理，确保其表面无尘、无油污、无松散物。对于有裂缝的基层，应采用适当的修补材料进行修复，以确保涂料施工后的附着力和密封性。在基层表面涂刷底漆也是非常关键的一步，能够提高涂料与基层的附着力，同时减缓基层对水分的吸收，确保防水效果更为持久。在施工过程中，需严格控制涂料的施工厚度，避免因过厚或过薄而导致防水效果的降低。为此，在施工现场应配备合适的涂料施工厚度测量仪器，并进行实时监测和调整。施工人员需注意避免在高温、潮湿或强风等不利天气条件下进行涂料施工，以确保涂料能够在最佳的工作环境下进行固化和附着。对施工现场的管理也是质量控制的重要方面。施工现场应保持整洁有序，确保施工人员的安全和施工材料的存储质量。施工人员要定期进行工艺交底和安全培训，提高他们的安全意识和工作技能。防水涂料施工的质量控制需要从材料选用、基层处理、施工工艺和施工现场管理等方面进行全面把控，只有做到每个环节的严谨和规范，才能够确保工程的长期稳定运行。

四、防水涂料在不同工程中的应用

防水涂料在建筑屋面和外墙上的应用是土木工程中常见的一项工程实践。旨在防止水分渗透，保护建筑结构免受水分侵蚀和损害，提高建筑的耐久性和可靠性。对于建筑屋面而言，防水涂料是一种常见的防水材料。建筑屋面作为建筑结构的顶部，直接受到日晒雨淋等自然环境的影响，容易受到水分侵蚀。防水涂料在屋面应用中能够形成坚固的防水膜，有效地防止雨水渗透到建筑内部。防水涂料的施工过程相对简便，适应性强，能够适用于各种不同形状和结构的屋面。这种涂料的应用不仅保护了建筑屋面的结构完整性，还有助于减轻屋面的维护负担，提高屋面的使用寿命。在建筑外墙的防水工程中，防水涂料同样发挥着关键的作用。建筑外墙是建筑结构的重要组成部分，其表面容易受到风吹雨打、温差变化等自然因素的侵蚀。防水涂料的应用可以在外墙表面形成一层防水膜，防止水分渗透到建筑结构内部。这对于避免外墙表面的开裂、渗漏等问题具有重要意义。与传统的外墙防水材料相比，防水涂料的施工更为灵活，不仅可以适应不同形状的外墙表面，还能够为外墙提供一种美观的涂层，提升建筑的整体外观。在实际工程中，建筑屋面和外墙的防水涂料选择，需根据具体工程要求和建筑结构特点进行合理的考量。不同类型的涂料具有不同的性能特点，如聚氨酯涂料、丙烯酸涂料等，可以根据不同的施工环境和预算要求进行选择。施工前对建筑表面的清理、修补和处理等预备工作，以及施工过程中的注意事项，都对防水涂料的实际效果产生直接影响。防水涂料在建筑屋面和外墙上的应用为土木工程提供了一种有效的防水解决方案。通过科学合理的选择和施工操作，防水涂料不仅保护了建筑结构，延长了其使用寿命，同时也为建筑外观提供了一层美观、耐久的保护膜，促进了土木工程的可持续发展。在地下室和基础工程中，防水涂料的应用具有至关重要的意义。地下室和基础结构作为建筑物的支撑和承重结构，其防水工程的质量直接关系到整个建筑的安全和稳定。采用防水涂料技术，能够有效地提高结构的抗渗透性，确保地下室和基础结构在潮湿环境下长期保持稳定的工作状态。在地下室和基础结构中，防水涂料主要用于墙体、地板和地下室外侧，形成一层坚固的防水屏障。这层防水涂料具有很强的附着力，能够有效地阻止水分的渗透，减缓地下室结构的老化和腐蚀。防水涂料还能够对基础土壤中的化学物质进行隔离，防止对地下室结构的侵害。在基础工程中，地下水位的高低常常是一个制约性因素。防水涂料的应用能够有效地应对这一挑战，确保基础结构在高水位条件下依然能够保持干燥。防水涂料的特殊性能，如弹性和耐久性，使其能够适应不同水位条件下的变化，确保基础结构始终得到有效的保护。地下室作为建筑的一个重要组成部分，其防水工程的质量直接关系到整个建筑的使用寿命。防水涂料在地下室墙体和地板的涂覆中，形成一层紧密的防水层，阻止地下水渗透，避免地下室内部发生潮湿和霉菌滋生。这不仅有助于维护建筑结构的完整性，还能够提高地下室的使用舒适度。防水涂料在地下室和基础工程中的使用还有助于提高整体施工效率。相较于传统的防水材料，防水涂料施工更为简便快捷，减少了施工时间和人力成本。这对于工程的进度控制和经济效益都具有积极的意义。防水涂料在地下室和基础工程中的应用是一项高效可靠的技术选择。其优越的防水性能，不仅能够确保建筑结构的长期稳定，还能够提高施工效率，为工程的顺利进行提供有力支持。

五、防水涂料的维护与修复

防水涂料在土木工程中的维护与修复是确保其长期防水效果的重要环节。随着时间的推移和外界环境的变化，防水涂料可能会受到自然损耗、气候变化、物理损害等因素的影响，因此需要及时的维护和修复。维护工作主要包括定期检查和清理。定期检查涂料表面，发现问题及时进行修复，可以有效防止小问题演变成大问题。清理工作则是为了清除涂料表面的杂物、污垢，保持其光滑、整洁。这不仅有助于提高涂料的防水性能，还有助于延长其使用寿命。维护中的修复工作通常包括涂料的重新涂覆和局部修复。对于涂层出现裂缝、脱落或损坏的情况，重新涂覆是一种有效的修复手段。重新涂覆前，需要对原涂层进行清理和修补，确保新涂层能够附着在原涂层上。对于涂料表面的小面积损伤，可以采用局部修复的方法，使用修补材料进行补救。修复工作中需要注意选择合适的修复材料和修复工艺。修复材料应与原涂料相匹配，确保修复部位与周围区域的性能一致。修复工艺要科学合理，包括涂料的搅拌、施工温度、湿度等因素的控制，以确保修复效果的稳定性和耐久性。在维护和修复过程中，对涂料的性能评估也是非常重要的一环。通过对涂料的附着力、耐水性、耐候性等性能进行测试，可以更全面地了解涂料的状况。基于性能评估的结果，可以有针对性地调整维护和修复方案，提高维护和修复的效果。防水涂料的维护与修复是土木工程中不可忽视的重要工作。通过定期的维护和及时的修复，可以有效地延长涂料的使用寿命，保障其防水性能。这有助于减轻维护成本，延缓涂料老化进程，同时为土木工程的可持续发展提供了可靠的技术支持。

第三节　防水卷材

一、基础知识与分类

防水卷材是一种在土木工程中广泛应用的防水材料，主要作用是形成一层连续的、防水的薄膜，防止水分渗透到建筑结构内部，起到防水密封的作用。防水卷材的基本原理是利用其材料本身的防水性能，以及通过适当的施工工艺将其固定在建筑结构表面，形成具有防水效果的保护层。防水卷材的定义首先需要了解其主要成分。防水卷材通常由聚合物改性沥青、胶黏剂、纤维材料等组成。聚合物改性沥青是其主要的防水层，具有优异的防水性能和柔韧性。胶黏剂用于固定卷材，纤维材料则用于增强卷材的强度和耐久性。防水卷材的作用主要有两个方面。它形成了一层连续的防水层，有效隔绝了外界的水分，防止水分渗透到建筑结构内部。防水卷材还能够适应建筑结构的形变，因为其柔韧性能够使其在结构发生变形时不易开裂或破损，保持防水效果。防水卷材的基本原理是通过其材料特性和施工工艺，形成一层坚固、柔韧的防水薄膜。在施工过程中，卷材通过专用的熔接机或火炬进行热熔固化，使其与建筑结构表面牢固黏合，形成一体化的防水层。卷材的材料本身，尤其是聚合物改性沥青，具有极佳的防水性能，能够有效隔绝水分的渗透。在卷材的施工过程中，需要注意确保表面清洁、平整，以提高卷材与建筑结构的附着力。卷材之间的搭接和固定也是施工中需要重点关注的部分，以确保卷材的连续性和完整性。在施工中，应当避免损坏卷材表面，防止施工过程中引入破损或有缺陷的卷材。防水卷材在土木工程中是一种重要的防水材料，其应用具有简便、有效的特点。通过合理选择卷材材料、科学的施工工艺以及定期的维护和检查，能够确保卷材在建筑结构中发挥长期的防水作用，提高土木工程结构的耐久性和可靠性。防水卷材是一种在土木工程中广泛应用的材料，其基本性质和适用范围涉及多个方面。防水卷材的基本性质包括其耐老化、耐化学腐蚀、柔韧性和抗渗透等特点。这些性质使得防水卷材在各种环境条件下都能够稳定地发挥其防水功能。其适用范围主要涵盖地下室、屋顶、地下工程和隧道等领域。防水卷材的耐老化性能是其在室外环境中长期使用的基础。通过添加稳定剂和抗氧化剂等成分，防水卷材能够有效抵御紫外线、氧气和臭氧等外界因素的侵蚀，从而保持其长期使用的稳定性。这使得防水卷材在户外工程中得到广泛应用，例如在屋顶防水系统中，它能够有效防止雨水渗透，确保建筑结构的完整性。防水卷材的耐化学腐蚀性能是其在含有酸、碱、盐等腐蚀性物质的环境中发挥作用的重要保障。在一些特殊的土木工程中，如化工厂、污水处理厂等，防水卷材能够抵抗化学物质的侵蚀，确保工程的持久稳定。其耐化学腐蚀的特性使得防水卷材成为一种可靠的防水材料。防水卷材的柔韧性是其适应不同基层和复杂结构的重要特点。通过材料的特殊处理和配方设计，防水卷材能够具备一定的弯曲性和伸缩性，适应建筑物在使用过程中的变形和震动。这使得防水卷材在地下工程和隧道等经常受到地质变化和振动影响的场所得到广泛应用。在适用范围方面，防水卷材的应用不仅限于建筑物的外部，还包括地下室、隧道、沉箱和水池等多个领域。在地下室防水工程中，防水卷材能够有效防止地下水渗透，保持地下室内部的干燥。在隧道工程中，防水卷材的柔韧性和抗渗透性能使其能够适应地下水位的变化和地质条件的复杂性，确保隧道内部的持久防水效果。在沉箱和水池等工程中，防水卷材能够有效地抵挡水的压力，保障工程的长期稳定运行。防水卷材作为土木工程中的一种重要防水材料，其基本性质和适用范围涵盖了多个方面。其耐老化、耐化学腐蚀、柔韧性和抗渗透等特性，使其在不同工程场景中都能够发挥出卓越的防水效果，为工程的稳定和持久性提供了可靠的支持。

二、防水卷材的性能与测试方法

防水卷材是土木工程中常用的一种防水材料，其物理和化学性能对其在防水工程中的性能起着关键作用。防水卷材的物理性能方面，其拉伸性能是一个重要的指标。拉伸性能直接关系到卷材在建筑结构中承受外力时的稳定性和耐久性。通常，防水卷材在施工中会受到拉伸、挤压等外力，因此其具有良好的拉伸强度和延展性，能够适应建筑结构的形变。卷材的撕裂性能也是一个重要的物理性能。建筑结构在使用过程中可能会受到各种外部因素的影响，导致卷材表面的损伤或撕裂。卷材具有较好的抗撕裂性能，能够防止损伤扩展，保持防水层的完整性，从而维护防水效果。卷材的柔韧性也是其物理性能的重要方面。建筑结构在使用过程中会发生一定程度的形变，具有足够柔韧性的防水卷材能够适应这些形变，防止在结构变形时发生开裂、破损等问题，保障防水效果的持续性。在化学性能方面，防水卷材的抗老化性能是一个关键指标。建筑结构暴露在室外环境中，会受到紫外线、气候变化等因素的影响，容易发生老化。卷材需要具备优异的抗紫外线、耐候性等性能，以确保在长期使用过程中不易发生质量下降，维持防水效果。卷材的化学稳定性也是一项重要的性能。在不同环境下，卷材应当具有较好的化学稳定性，不易受到化学物质的侵蚀和腐蚀。这有助于保持卷材的基本性能，确保其在不同环境中都能够稳定可靠地发挥防水作用。防水卷材的物理和化学性能直接关系到其防水效果和使用寿命。通过对卷材的物理性能（如拉伸性能、撕裂性能和柔韧性）以及化学性能（如抗老化性能和化学稳定性）的综合考量，可以选择合适的卷材材料，确保其在建筑结构中发挥最佳的防水效果。防水卷材性能的测试方法和标准是确保其在实际应用中能够达到预期效果的关键。针对防水卷材的性能测试，主要涵盖了抗拉强度、耐穿刺性、抗老化性、抗渗透性和柔韧性等方面。这些测试方法和标准的制定有助于对防水卷材进行全面、准确的评估，为其在不同工程领域的应用提供科学依据。抗拉强度是衡量防水卷材抗拉伸性能的重要指标之一。通过标准化的拉伸试验，可以测定防水卷材在一定加载下的抗拉强度，评估其在复杂应力环境下的性能表现。这种测试方法有助于确定防水卷材在工程实际使用中的牢固程度，确保其能够承受建筑物结构变形和外部应力的作用。耐穿刺性测试是评估防水卷材在受到外界尖锐物体冲击时的抗穿刺性能的一种方法。通过模拟实际使用中可能遭受的穿刺情况，检测防水卷材表面是否容易被穿透，从而确定其在特定环境下的使用寿命和安全性。抗老化性测试旨在模拟防水卷材长期暴露于自然环境的情况。这种测试方法通常包括人工气候老化试验，通过模拟紫外光、高温、湿度等因素，测定防水卷材在不同老化条件下的性能变化。这有助于预测防水卷材在实际使用中的耐久性，确保其长时间内能够保持良好的防水效果。抗渗透性测试是评估防水卷材在不同水压下的防水性能的一种方法。通过模拟不同水压条件下的水渗透情况，检测防水卷材是否能够有效地阻止水分的渗透，以确保其在工程中的实际防水效果。柔韧性测试是评估防水卷材在受到外界变形和挠曲时的弹性和变形能力的一种方法。通过施加一定的变形力，检测防水卷材是否能够恢复到原始状态，以确保其适应建筑物变形和震动的能力。这些测试方法和标准的制定为防水卷材的性能评估提供了科学的手段。通过这些测试，可以全面了解防水卷材在不同环境和应力下的表现，从而为其在各类土木工程中的应用提供可靠的技术支持。

三、防水卷材的施工工艺

防水卷材的施工工艺包括铺设、热熔焊接和冷黏结等步骤。这些工艺步骤的正确执行对于确保防水卷材在建筑结构上，形成牢固、连续、无缝的防水层至关重要。铺设是防水卷材施工的起始步骤。在进行铺设前，施工现场应保持清洁、干燥，确保基材表面没有尘土和杂物。在铺设卷材时，需要将卷材按照设计要求铺设在建筑结构表面，确保卷材的搭接和接缝处得到充分的重叠，保证整体的连续性和完整性。铺设的过程中需要注意避免卷材表面的损伤，保持卷材的原始性能。热熔焊接是防水卷材施工中的关键步骤之一。通过热熔焊接，可以将卷材之间的接缝牢固地连接起来，形成无缝的防水层。在热熔焊接的过程中，使用专用的熔接机或火炬，将卷材表面熔化，使其与相邻卷材熔合在一起。热熔焊接要求施工人员熟练掌握温度和速度的控制，以确保焊接的牢固性和接缝的完整性。冷黏结是另一种常见的防水卷材施工工艺。冷黏结采用特殊的黏结剂，将卷材表面涂布黏结剂，然后按照设计要求将卷材黏结在一起。冷黏结的施工相对简单，不需要高温设备，但需要注意确保黏结剂的均匀涂布和黏结的牢固性。在以上施工工艺中，热熔焊接通常应用于对接缝要求较高的地方，如屋面防水层的接缝部位。而冷黏结则适用于一些较为平整的表面，或者在施工现场温度较低的情况下。不同的工艺可以根据具体的工程要求和实际情况进行选择和组合使用。铺设、热熔焊接和冷黏结是防水卷材施工中的核心工艺步骤。通过严格按照设计要求进行铺设，巧妙运用热熔焊接和冷黏结工艺，可以确保防水卷材在建筑结构上形成坚固、连续、无缝的防水层，从而提高土木工程的防水效果和耐久性。在防水卷材施工过程中，质量控制和施工注意事项至关重要。施工人员需密切关注细节，确保每个步骤都按照规范和标准执行。质量控制不仅关系到施工效果的可靠性，也关系到工程的长期稳定性。为此，施工人员需要在施工前、施工中和施工后，都认真执行相关的质量控制措施。施工前的准备工作至关重要。在进行防水卷材施工前，要对施工现场进行全面的勘测和检查。确保基层表面平整、无裂缝，并且清理干净，以保证防水卷材的黏结性和附着力。施工人员应仔细核对防水卷材的质量证明文件，确保所使用的材料符合相关的标准和规范。在施工中，特别需要注意涂胶和卷材的黏结工艺。涂胶均匀、厚度一致是保证卷材与基层牢固连接的关键。施工人员需要根据施工环境的温度和湿度等因素，调整涂胶的稠度，以确保施工过程中的顺畅。在卷材铺设过程中，施工人员要确保卷材的卷放平整，避免出现波浪形状，以保证防水层的均匀性。对于卷材的搭接和焊接部分，施工人员应仔细核对相关技术规范。搭接处的处理要坚实牢固，焊接处要确保焊缝的质量，防止出现渗水漏水问题。在进行焊接作业时，要特别注意操作工艺，控制焊接温度和速度，以确保焊接质量符合标准要求。施工过程中的材料浪费问题也需要引起重视。施工人员要合理安排施工计划，避免过度浪费防水卷材。在裁切卷材时，应根据实际需要合理计算尺寸，以最大限度地减少材料的浪费，提高施工效益。施工后，施工人员要进行全面的检查和测试。对防水层进行抽检，检查是否存在黏结不牢固、搭接处漏焊等问题。对防水层进行水压试验，确保其抗渗透性能满足设计要求。在检测过程中，要及时修复发现的问题，保证施工质量的整体完整性。防水卷材施工中的质量控制和施工注意事项，直接关系到工程的防水效果和使用寿命。施工人员要时刻保持警觉，细心操作，确保每个步骤都符合标准和规范。只有通过严格的质量控制和细致入微的施工注意事项，才能够确保防水卷材的施工质量达到预期标准，为土木工程提供可靠的防水保障。

四、防水卷材在不同工程中的应用

防水卷材在建筑屋面和外墙上的应用是土木工程中常见的一项关键技术。在建筑屋面方面，防水卷材被广泛应用于保护建筑结构免受雨水侵蚀，延长屋面的使用寿命。防水卷材也被应用于建筑外墙，以防止水分渗透导致墙体结构损坏，提高建筑整体的耐久性。对于建筑屋面而言，防水卷材的应用起到了至关重要的防水作用。屋面是建筑结构中最易受到自然环境侵蚀的部分，直接暴露于风雨日晒。防水卷材被铺设在屋面表面，形成一层连续的防水膜，有效地防止雨水渗透到建筑结构内部。这不仅可以保护屋面结构的完整性，延缓其老化过程，还有助于减轻屋顶结构的维护负担，提高建筑的整体使用寿命。在建筑外墙的应用方面，防水卷材同样发挥了关键的作用。外墙作为建筑结构的外层，容易受到风雨的侵蚀。防水卷材的应用形成了一层可靠的防水层，有效隔离了外界湿气，防止水分渗透到墙体结构内部。这有助于防止外墙表面的开裂、渗漏等问题，提高墙体结构的耐久性。防水卷材的使用还可以为外墙提供一定的保温效果，提高建筑的能效性能。在实际的工程中，建筑屋面和外墙的防水卷材的选择需根据具体的工程要求和建筑结构特点进行合理的考量。卷材具有不同的性能特点，如 SBS 改性沥青卷材、APP 改性沥青卷材等，可以根据不同的施工环境和预算要求进行选择。施工前对建筑表面的清理、修补和处理等预备工作，以及施工过程中的注意事项，都对防水卷材的实际效果产生直接影响。防水卷材在建筑屋面和外墙上的应用为土木工程提供了一种有效的防水解决方案。通过科学合理的选择和施工操作，防水卷材不仅保护了建筑结构，延长了其使用寿命，同时也为土木工程的可持续发展提供了可靠的技术支持。防水卷材在地下室和基础工程中的应用至关重要，它不仅是土木工程中一项基础性的技术手段，更是确保建筑结构长期稳定的重要组成部分。地下室和基础作工程为建筑物的支撑和承重结构，其防水工程直接影响整个建筑的安全性和稳定性。在这种背景下，防水卷材的应用成为有效解决地下水渗透问题的重要选择。防水卷材在地下室工程中扮演着关键角色。地下室通常位于地表以下，容易受到地下水的影响。通过在地下室墙体和地板上应用防水卷材，能够有效地隔离地下水的渗透，防止潮湿和霉菌的滋生。这种隔水防潮的效果对地下室的使用寿命和舒适性至关重要，尤其在潮湿气候或地下水位较高的地区，防水卷材的应用显得尤为重要。在基础工程中，防水卷材同样发挥着不可替代的作用。基础是建筑物的支撑和承重结构，防水工程的合理性直接关系到基础结构的稳定性。防水卷材的应用可以有效地防止地下水对基础的渗透，避免基础土壤受水分影响引起的膨胀和沉降。通过进行防水处理，能够保障基础结构的长期稳定运行，提高建筑物的整体抗震和承载能力。防水卷材的特殊设计和性能使其能够适应基础结构的不同变形和振动。基础结构在使用过程中可能会受到地震、地基沉降等外部力的影响，而防水卷材的柔韧性和弹性能够在一定程度上吸收和分散这些力，保护基础结构不受损伤。防水卷材的应用范围不仅仅局限于建筑物的外部，还包括隧道和地下工程。在隧道工程中，地下水位的高低、地质条件的复杂性对工程施工提出严格要求。通过在隧道结构上使用防水卷材，可以有效地阻止地下水的渗透，确保隧道内部保持干燥，从而提高隧道的使用寿命和安全性。防水卷材在地下室和基础结构中的应用是土木工程中一项重要的技术手段。其在防止地下水渗透、保障建筑结构稳定性、提高工程抗震性能等方面发挥着关键作用。通过科学合理的施工和质量控制，防水卷材能够为土木工程提供可靠的防水保障，确保工程结构的长期安全运行。

五、防水卷材的维护与修复

防水卷材在土木工程中的维护与修复是确保其长期防水效果的重要环节。随着时间的推移和外界环境的变化，防水卷材可能会受到自然损耗、气候变化、物理损害等因素的影响，需要及时进行维护和修复。维护工作主要包括定期检查和清理。定期检查涂料表面，发现问题及时进行修复，可以有效防止小问题演变成大问题。清理工作则是为了清除涂料表面的杂物、污垢，保持其光滑、整洁。这不仅有助于提高涂料的防水性能，还有助于延长其使用寿命。维护中的修复工作通常包括涂料的重新涂覆和局部修复。对于涂层出现裂缝、脱落或损坏的情况，重新涂覆是一种有效的修复手段。重新涂覆前需要对原涂层进行清理和修补，确保新涂层能够附着在原涂层上。对于涂料表面的小面积损伤，可以采用局部修复的方法，使用修补材料进行补救。修复工作中需要注意选择合适的修复材料和修复工艺。修复材料应与原涂料相匹配，确保修复部位与周围区域的性能一致。修复工艺要科学合理，包括涂料的搅拌、施工温度、湿度等因素的控制，以确保修复效果的稳定性和耐久性。在维护和修复过程中，对涂料的性能评估也是非常重要的一环。通过对涂料的附着力、耐水性、耐候性等性能进行测试，可以更全面地了解涂料的状况。基于性能评估的结果，可以有针对性地调整维护和修复方案，提高维护和修复的效果。防水卷材的维护与修复是不可忽视的重要工作。通过定期的维护和及时的修复，可以有效地延长卷材的使用寿命，保障其防水性能。这有助于减轻维护成本，延缓卷材老化进程，同时为土木工程的可持续发展提供了可靠的技术支持。

第四节　密封材料

一、基础知识与分类

密封材料在建筑、工程和制造领域中起到至关重要的作用，主要用于填充、封闭或连接物体，防止液体、气体和固体的渗透。密封材料的种类繁多，涵盖了多种化学成分和物理性质。了解密封材料的基础知识和分类，对于合理选用适应性强的密封材料至关重要。密封材料的基础知识首先涉及其主要功能，即防止流体、气体或粉尘的渗透。这种功能的实现取决于密封材料的物理性质和化学性质。物理性质包括材料的弹性、硬度、延展性等，而化学性质包括其在不同化学环境下的稳定性。密封材料可以根据其化学成分和结构特点进行分类。一种常见的分类是基于材料的类型，包括橡胶密封材料、硅密封材料、聚合物密封材料等。橡胶密封材料以天然橡胶和合成橡胶为主要成分，具有良好的弹性和耐磨性。硅密封材料主要基于硅橡胶，具有高温稳定性和化学稳定性。聚合物密封材料主要包括聚氨酯、聚丙烯等，具有多样化的化学特性和机械性能。另一种分类方式是根据密封材料的形式，包括液体密封材料、固体密封材料和气体密封材料。液体密封材料主要是指各种液体胶黏剂、硅油等，适用于填充小缝隙和裂缝。固体密封材料主要是指胶条、胶带等形状的固态材料，用于填充或封闭密封区域。气体密封材料主要用于防止气体渗透，如气密性好的橡胶垫片、橡胶圈等。密封材料还可根据其用途和特殊功能进行分类。例如，耐高温密封材料适用于高温环境下，防火密封材料用于提高建筑结构的防火性能，而耐腐蚀密封材料则适用于受到腐蚀性介质影响的环境。在选择密封材料时，需要考虑实际使用环境和要求，如工作温度、耐化学性能、机械性能等因素。综合考虑不同材料的特性，选择适合特定需求的密封材料，能够确保其在工程和制造中发挥最佳的密封效果，提高系统的可靠性和耐久性。密封材料的合理选择与应用对于确保工程结构的密封性和可靠性具有至关重要的作用。

二、密封材料的性能与测试方法

密封材料作为一种重要的建筑材料，在建筑工程和工业领域中扮演着关键的角色。其性能和测试方法的研究，对于确保建筑结构的密封性和耐久性至关重要。密封材料的性能主要包括弹性、耐老化性、耐候性、抗化学腐蚀性和黏附性等方面。弹性是密封材料的基本性能之一。密封材料需要具有足够的弹性，以适应建筑结构的变形和振动。这种弹性能够确保密封材料在受到外界变化和应力时能够恢复原状，从而保持其密封效果。

弹性的测试方法主要包括拉伸试验，通过对密封材料施加拉伸力，测定其在一定应力下的变形和回弹性能。耐老化性是评估密封材料使用寿命的重要指标。由于长时间的日晒雨淋和温度变化等环境因素，密封材料可能会发生老化现象，导致其性能下降。耐老化性测试主要通过人工气候老化试验，模拟长时间的紫外线照射、高温和湿度等条件，以评估密封材料在不同环境中的稳定性和耐久性。耐候性是密封材料在户外环境中的耐受程度。密封材料经受风吹雨打、日晒雨淋的考验，需要具备较强的耐候性，以确保其在户外使用时，长时间保持性能稳定。耐候性测试通常包括人工气候老化试验和自然暴露试验，通过模拟或观察密封材料在不同气象条件下的表现，评估其耐候性能。抗化学腐蚀性是密封材料在特定化学环境下的抗腐蚀能力。在一些特殊工业环境中，密封材料可能受到酸、碱、盐等腐蚀性物质的侵蚀，因此抗化学腐蚀性能显得尤为关键。抗化学腐蚀性测试通过将密封材料置于不同浓度的腐蚀性溶液中，评估其抗化学腐蚀的程度。黏附性是密封材料在与建筑结构表面接触时的附着力。密封材料需要确保与建筑结构表面的良好黏附，以确保其在施工和使用过程中不会产生剥离或渗漏的问题。黏附性测试通常通过拉伸试验或剥离试验，评估密封材料与不同表面的黏附性能。密封材料的性能与测试方法研究对于建筑结构的密封性和使用寿命至关重要。通过对其弹性、耐老化性、耐候性、抗化学腐蚀性和黏附性等性能的全面测试，能够为建筑工程提供高质量的密封保障，确保建筑结构的稳定和持久。

三、密封材料的施工工艺

密封材料的施工工艺是确保其在工程和制造中发挥最佳效果的关键步骤。在进行密封材料施工时，需要充分考虑材料的性质和施工环境，采用合适的工艺，以确保密封效果的稳定性和耐久性。施工前的准备工作非常关键。在进行施工之前，需要对施工现场进行彻底的清理，确保密封表面干燥、平整、无尘土和污垢。对于液体密封材料，需要搅拌均匀，确保其成分均匀分布。对于固体密封材料，如胶条或胶带，需要在施工前根据实际需要进行剪裁或切割，以适应密封区域的形状和尺寸。施工过程中的涂覆或填充操作需要有技巧。对于液体密封材料，采用刷涂、滚涂或喷涂等方式，确保涂覆均匀、薄厚一致，防止出现气泡、起皱等现象。对于固体密封材料，需要确保其正确、牢固地贴合在被密封的表面上，避免空隙和裂缝。在涂覆或填充的过程中，施工人员需要掌握合适的施工温度和湿度，以确保密封材料能够充分发挥其黏附和硬化性能。对于需要涂覆或填充的表面，尤其是建筑结构的裂缝和接缝，需要进行必要的基面处理。例如，对于混凝土表面，可以采用清理、打磨、刷涂底漆等方式，增强密封材料与基面的附着力。对于金属表面，可以进行防锈处理，提高密封材料的耐腐蚀性能。施工过程中，需要特别注意施工环境。在高温或低温环境下，对液体密封材料的流动性和干燥时间有一定的影响，需要根据实际情况进行调整。在潮湿的环境中，需要防止水分进入密封区域，影响密封效果。对于要求高密封性的场合，可以考虑采用专业的密封胶或密封带，以确保其在不同环境下仍能保持出色的密封效果。密封材料的施工工艺需要综合考虑材料特性、施工环境和实际需求。通过合理的准备工作、精湛的施工技巧和对施工环境的充分了解，能够确保密封材料在工程和制造中发挥最佳效果，提高系统的可靠性和密封性。密封材料施工工艺的合理运用是土木工程和制造工程中确保密封效果的重要环节。

四、密封材料在不同工程中的应用

密封材料作为一种多功能的建筑材料，在不同工程中发挥着关键作用。其广泛应用于建筑、交通、水利、电力等领域，为工程的密封、防水、绝缘等方面提供了有效的解决方案。在建筑领域中，密封材料主要用于建筑结构的密闭和防水。在建筑物的墙体、窗户、门缝等部位，密封材料能够填补空隙，保持室内外的气密性和水密性。这对于提高建筑的节能性能、防止雨水渗透、减少室内湿气等方面都起到了重要作用。密封材料在建筑外墙的渗透防水处理、屋顶的防漏维修等方面也有着广泛的应用。在交通领域，密封材料被广泛应用于道路、桥梁、隧道等工程中。在道路工程中，密封材料用于填充路缝，防止水分渗透，减缓路面损坏。在桥梁和隧道工程中，密封材料被用于连接构件，保障结构的密闭性，防止结构受到外部环境的侵蚀，延长工程的使用寿命。在水利工程中，密封材料被广泛应用于水坝、堤防、水渠等工程的密闭处理。在水坝建设中，密封材料用于填充坝缝，防止水的渗透，维护坝体的稳定性。在水渠工程中，密封材料被用于连接渠道构件，确保水渠的密封性，防止水分浸泡周围土壤。在电力工程中，密封材料也发挥着重要作用。在电缆连接、电缆穿墙、电缆绝缘等方面，密封材料用于保障电力设备的密封和绝缘性能。这不仅有助于确保电力设备的正常运行，还能够提高电力系统的安全性和可靠性。在化工工程中，密封材料在各类容器、管道的连接和密封中被广泛使用。密封材料的耐腐蚀性能使其能够适应不同化学环境，确保化工设备的正常运行。在高温、高压等特殊工况下，密封材料的耐高温、耐高压性能也成为保障工程安全运行的重要因素。密封材料在不同工程中都具有重要的应用价值。其多功能性能使其能够满足建筑结构密封、防水、绝缘、道路维护、水利工程防渗、电力设备密封、化工设备连接等领域的需求。密封材料的广泛应用为各类工程提供了有效的解决方案，推动了工程建设和维护的进展。

五、密封材料的维护与修复

密封材料在使用过程中可能会受到多种因素的影响，包括自然老化、外界环境、机械损伤等，因此维护与修复对于保持其密封效果至关重要。维护密封材料的一项关键工作是定期检查。通过定期检查密封材料的状态，可以及时发现潜在的问题，如裂缝、变形或老化。这需要在使用周期内进行多次检查，特别是在密封要求严格的工程或设备上，应增加检查频次。检查时，需要仔细观察材料表面是否有异常，如颜色变化、断裂或硬度降低，以及周边环境是否存在潜在的损害因素。维护工作还包括对密封材料周边环境的管理，确保周围环境的清洁和安全，避免化学物质、高温或高湿等外界因素对密封材料的影响。对于户外或暴露在自然环境中的密封材料，需要定期清理周围的积尘和污垢，以保持其表面的清洁，防止外部环境对其性能的影响。当发现密封材料出现问题时，需要进行及时的修复。修复的方式取决于问题的性质和程度。对于表面出现小裂缝或损伤的密封材料，可以采用局部修复的方法，使用相应的修复材料进行补修。对于整体老化或断裂的情况，可能需要进行更彻底的修复，包括重新涂覆、更换密封材料等。在进行修复时，需要确保修复材料与原有密封材料相容，以免引起不良的化学反应或降低整体性能。修复过程中需要注意施工工艺，保证修复材料能够均匀地覆盖在受损区域，确保修复后的密封效果能够符合预期目标。在密封材料维护和修复的过程中，还需要注重安全措施。例如，使用化学修复材料时应遵循相应的防护措施，确保施工人员的安全。对于需要使用工具或设备的维护和修复工作，也需要注意相关操作规范，以防发生意外事故。密封材料的维护与修复是确保其长期密封效果的必要工作。通过定期检查、周围环境的管理和及时修复，可以保障密封材料的性能，延长其使用寿命，确保其在土木工程和制造领域中发挥最佳效果。

参考文献

[1] 邱岗 . 再生混凝土碳排放评价 [J]. 江苏建材，2023(6):46-49.

[2] 柴勇林，李秉洪，梁晓东，等 . 纤维增强复合材料在土木工程中的应用研究 [J]. 合成材料老化与应用，2023，52(6):130-132.

[3] 钱若霖，黄春晖 . 碳纤维复合材料在土木加固工程中的应用研究 [J]. 合成材料老化与应用，2023，52(06):117-119.

[4] 赵永胜 . 绿色建筑材料在土木工程施工中的应用 [J]. 陶瓷，2023(12):222-224.

[5] 黄龙善 . 土木工程建筑结构的安全性与耐久性研究 [J]. 城市建设理论研究（电子版），2023(35):90-92.

[6] 何涛，黄林华 . 土木工程施工中的建筑屋面防水技术要点探究 [J]. 居舍，2023(35):37-40.

[7] 安世宇 . 土木工程材料在绿色建筑中的应用研究 [J]. 居舍，2023(35):23-25.

[8] 卫晋生 . 大理石粉对混凝土力学及耐久性能影响研究 [J]. 广东建材，2023，39(12):17-19.

[9] 田野，赵若轶 . 混合教学模式在土木工程专业教学中的应用——评《课程信息化建设及混合式教学改革与实践——以“土木工程材料”为例》[J]. 中国教育学刊，2023(12):138.

[10] 刘婉娟，田波 . 基于“双碳”背景下《土木工程材料》课程改革 [J]. 砖瓦，2023(12):160-162.

[11] 靳鹏 . 绿色建筑材料在城市土木工程项目中的推广与普及 [J]. 砖瓦，2023(12):49-52.

[12] 鲁锦妍，吴鑫 . 土木工程中房建工程质量问题与控制策略探究 [J]. 中国住宅设施，2023(11):1-3.

[13] 田威，刘云霄，刘钦 . 基于新工科背景下土木工程材料课程的教育改革探索 [J]. 中国建设教育，2023(2):36-40.

[14] 李伟，卢玉华，杨杰 . 典型高效土木工程修复材料性能及应用概况 [J]. 建筑施工，2023，45(11):2289-2292.

[15] 王子佳，韩玲 . 绿色建筑材料在装配式结构中的应用及展望 [J]. 绿色建筑，

2023(6):101-103+107.

[16] 李秀君，彭斌，宋明洋 . 新时代“双碳”背景下土木工程材料课程教学改革 [J]. 高教学刊，2023，9(33):12-15.

[17] 边防 . 土木工程材料在绿色建筑中的应用研究 [J]. 居舍，2023(32):29-31.

[18] 冯遥，强裔 . 建筑工程中混凝土结构的施工质量控制 [J]. 砖瓦，2023(11):116-118+121.

[19] 李皓轩 . 人工智能在土木工程中的应用研究 [J]. 中阿科技论坛 (中英文)，2023(11):63-67.

[20] 廖灵青，董健苗，谭春雷，等 . “四度”融合育人模式下的土木工程材料课程思政建设 [J]. 科教文汇，2023(20):128-133.